恐竜・古生物に聞く

第6の大絶滅、君たち（人類）はどう生きる？

イースト・プレス

知ってましたか？
今、地球で、「第6の大量絶滅」が起きつつあることを。

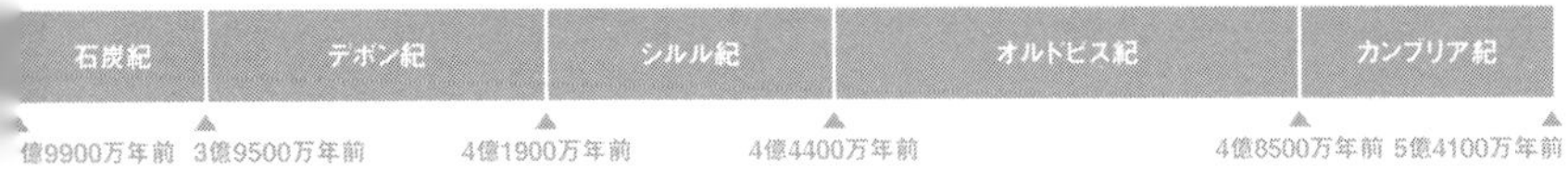

はじめに
「過去から学ぶ」

現在の地球では、「第6の大量絶滅」が進行中であるといわれています。

21世紀初頭に行われた国際プロジェクトの1つ、「ミレニアム生態系評価」では、複数の動物群で急速に種が滅びていることが指摘されました。

また、国際自然保護連合は、地球上に暮らす生物の中から約13万4000種の絶滅の可能性を調べ、そのうちの約25パーセントに相当する3万7400種以上が絶滅の危機にあると指摘しています。

多くの研究者が、「第6の大量絶滅が起きている」、あるいは、「近い将来に起きる」と警鐘を鳴らしています。

……って、少々お待ちを。

なぜ、「第6」の大量絶滅なのでしょうか？

第6、つまり、「6番目」ということは、それまでに「5つの大量絶滅」があった？

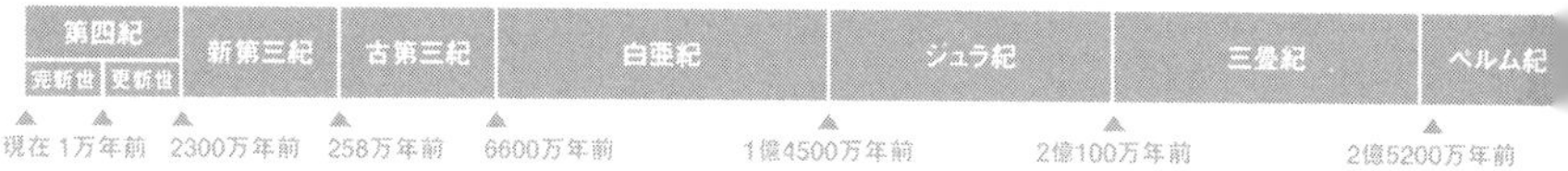

はい。「5つの大量絶滅」は、ありました。

もっとも、正確に書けば、「あったと考えられています」……となります。

約5億年前から現在に至るまでの生命の歴史の中で、合計5回の大量絶滅事件があったと考えられています。この5回の事件は、「ビッグ・ファイブ」と呼ばれています。ビッグ・ファイブの中で最も新しく、最も有名な事件は、今から約６６００万年前に発生しました。いわゆる「恐竜類の絶滅」で知られる大事件です。

約６６００万年前に発生した大量絶滅事件は、それまで地上の支配者だった恐竜たちを絶滅させ、その後の哺乳類の台頭を招くことになりました。

大量絶滅事件が発生すると、生態系が大きく変化します。1億年以上にわたって地上生態系の頂点に君臨していた恐竜類は、その変化に対応できず、絶滅してしまいました。現在の生態系に〝君臨する人類〟にとっても、「第6の大量絶滅」となれば、他人事とはいえません。

問題は、過去のビッグ・ファイブを、誰もリアルタイムでみたことがないことです。最後の事件（今のところ）でさえ、約６６００万年前。現生人類の登場が約31万5

石炭紀	デボン紀	シルル紀	オルドビス紀	カンブリア紀	
億9900万年前	3億9500万年前	4億1900万年前	4億4400万年前	4億8500万年前	5億4100万年前

０００年前といわれているので、誰もみたことがないし、もちろん、文字や絵や映像の記録が残されているわけでもありません。

現在の地球で多くの生物が滅んでいるけれども、その結果がどうなるのかを誰も知らない。これでは、来たる「第6の大量絶滅事件」に備えにくいというものです。

しかし、研究者たちも手をこまぬいているわけではありません。

さまざまな手段を使って、ビッグ・ファイブの解析を進めています。

過去の大量絶滅はなぜ発生し、どのような生物が、どうして滅ぶことになったのか。その研究を進めています。

過去は現在の鏡。

過去を知り、そのデータから将来を予想する。現在が「第6の大量絶滅期」であるというのなら、過去の大量絶滅事件の詳細を知ることは、より一層、重要になってきているといえるでしょう。

「うん、大切だけど、……難しそうな本だな」

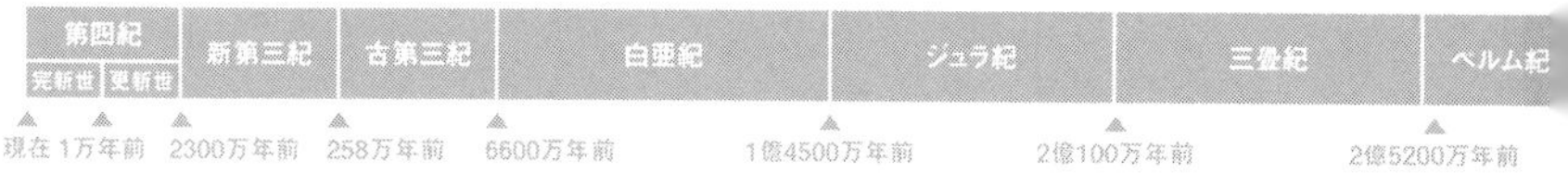

そう思われた、あなた。

ご安心を。

ページを少しめくってみてください。

この本では、過去の大量絶滅事件について、その最新の研究成果を楽しく知ることができるように、ちょっとした趣向を凝らしました。

恐竜類をはじめとして、生命の歴史の中で滅び、現在では化石となっている生物を「古生物」と呼びます。この本では、過去の大量絶滅事件が発生した時代に生きていた古生物たちに、「天上界からのラジオ」という形で、大量絶滅事件に関する研究を紹介してもらうことにしました（という設定を採用しています）。

まずは、過去を知ること。

そのことが、いつか役に立つ日が来るかもしれません。

あるいは、そこまで大仰に構えなくても、過去の地球に起きた大事件に想（おも）いを馳（は）せ、楽しみ、そして、「より詳しく知りたい」という「一歩」に。

この本の狙いは、ここにあります。
まずは、気軽に、過去の大量絶滅事件を知ってみてください。
そして、あなたなりの「第6の大量絶滅」に対する考えを探ってみてください。

なお、この本でターゲットとした絶滅事件は、「ビッグ・ファイブ　プラス1」です。この「プラス1」は、現在の「第6の大量絶滅事件」のことではありません。約1万年前に発生した哺乳類の絶滅のこと。約1万年前の絶滅事件を加えた理由については、ぜひ、本文でご確認ください。

さあ、堅苦しい挨拶はここまでにしましょう。
ほら、聴こえてきませんか。古生物たちが放送するラジオが……。

２０２１年春　筆者

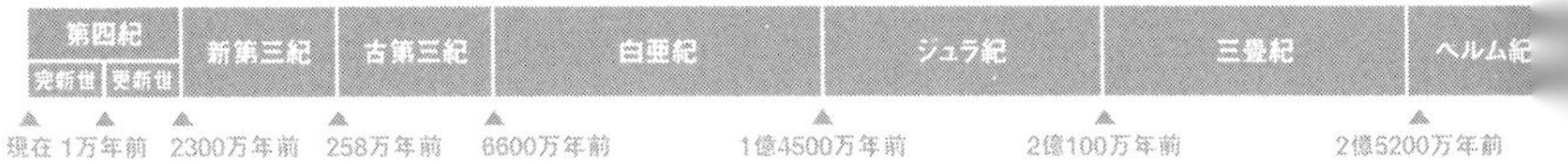
第四紀
完新世
更新世
新第三紀
古第三紀
白亜紀
ジュラ紀
三畳紀
ペルム紀
現在
1万年前
2300万年前
258万年前
6600万年前
1億4500万年前
2億100万年前
2億5200万年前

目次

第1章 恐竜たちの大絶滅

第2章
“最初”の大絶滅

［この章に登場する古生物］

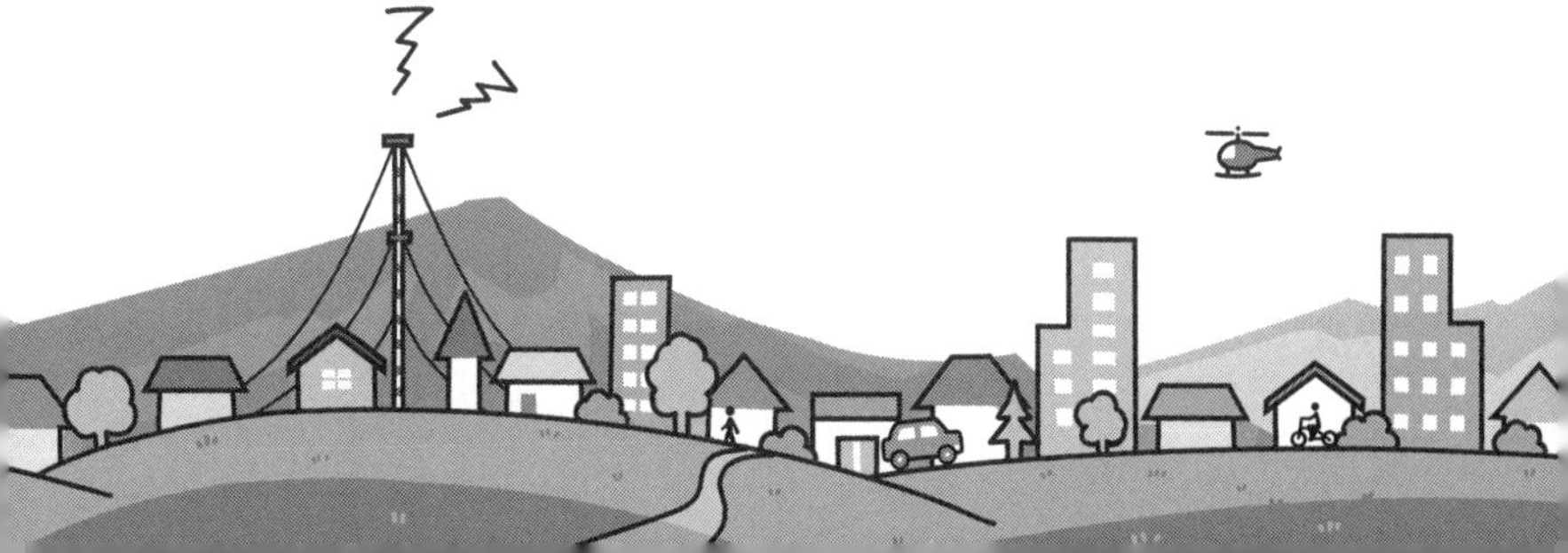

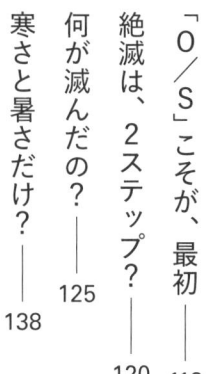

第3章
デボン紀の“途中”の大絶滅

［この章に登場する古生物］

ゴンドワナスピス　ボスリオレピス　アカントステガ　イクチオステガ　ダンクルオステウス

第4章
世界をガラリと変えた史上最大の大絶滅

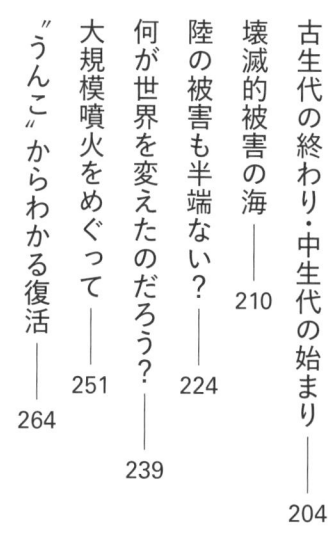

［この章に登場する古生物］

リストロサウルス　イノストランケヴィア　ディメトロドン

第5章
三畳紀からジュラ紀へ。また発生した大絶滅

［この章に登場する古生物］

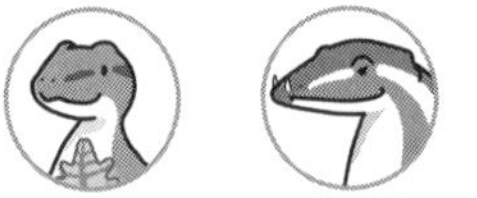

オドントケリス　マストドンサウルス

第6章

人類が関与？ 1万年前の大絶滅

［この章に登場する古生物］

スミロドン

ケナガマンモス

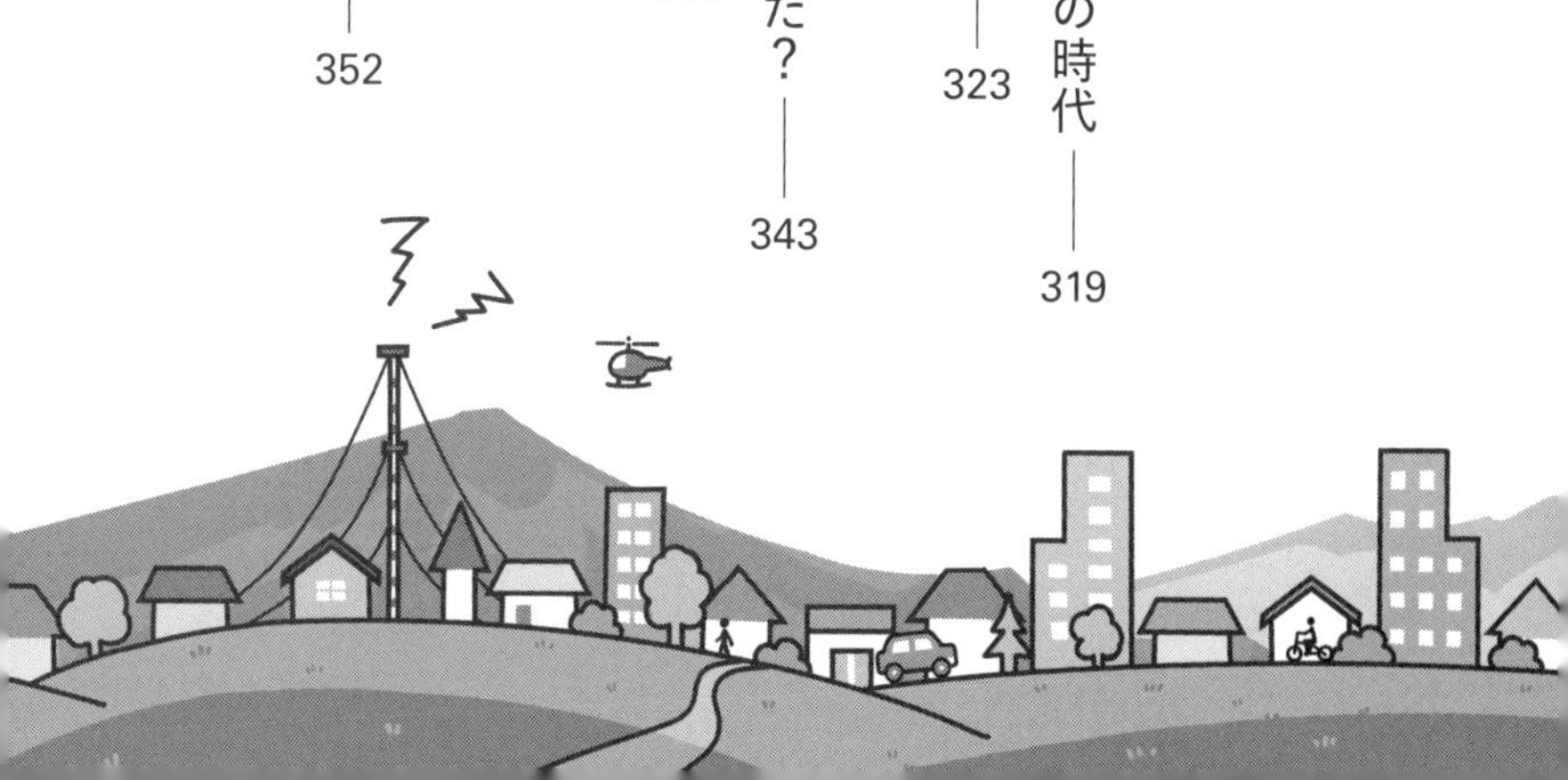

第1章
恐竜たちの大絶滅

おはようございます！　ホモ・サピエンスのみなさん、今日も元気にお過ごしですか？　天上界からお送りする「K／Pg（ケー・ピージー）境界絶滅事件」の時間ですよ。司会の、古生物界随一の人気者、ティラノサウルスです。

自分で「随一の人気者」とかいっちゃうかな。おはようございます、ホモ・サピエンスのみなさん。アシスタントのトリケラトプスです。いきなり「K／Pg」という専門用語が出ましたが……。

大丈夫、すぐに説明するから。今は、「地球の歴史にある『大絶滅事件』の1つ」と考えていただければ大丈夫ですよ。今日は、世にいう「**5大絶滅事件**」に「**哺乳類の大絶滅事件**」を加えた**〝5大絶滅事件プラス1〟**について、各事件の担当者がお話ししていきます。

全部で6番組あるわけですが、そのトップバッターとして、我々「恐竜事務所」のふたりが「K／Pg境界絶滅事件」を担当することになりました。

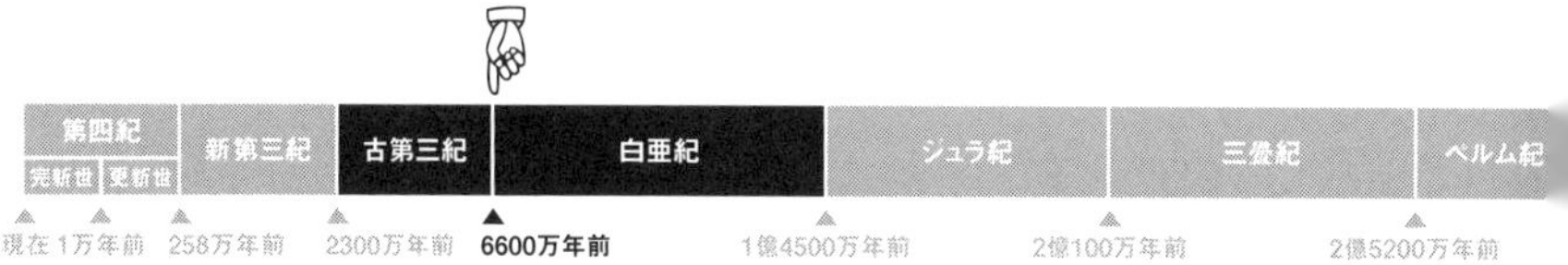

何しろ、古生物界随一の人気者、ですから！

いや、あとの番組の司会さんたちから何かいわれませんか、それ。

いや、だって、「ティラノサウルス」って、知らない人、いないでしょ？

まあ、そうかもしれませんけど。

トリケラさん……、あ、「トリケラさん」って、呼んでいいよね？　トリケラさんも、僕に次ぐ人気者だと思うけど。

呼び方はご自由に。私も「ティラノさん」と呼びますから。まあ、人気かどうかは別として、知名度があるのは認めますが……。まあ、いいか。先に進めましょう、ティラノさん。

はい。じゃあ、そういうことで、まずは、たっぷり「K／Pg境界絶滅事件」についてお送りします。全95ページ、最後までおつきあいください。

そもそも、「K／Pg」って、何？

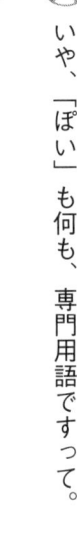

まずは、「K／Pg境界絶滅事件」。この呼び名の解説から始めましょうか。

そうだね。いきなり専門用語っぽいもんね。

いや、「ぽい」も何も、専門用語ですって。

簡単にいえば、白亜紀と古第三紀の境界となる事件だってこと。

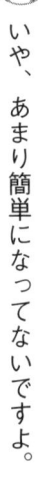

いや、あまり簡単になってないですよ。

白亜紀……ってのは、わかるかな。今からおよそ１億４５００万年前に始まって、お

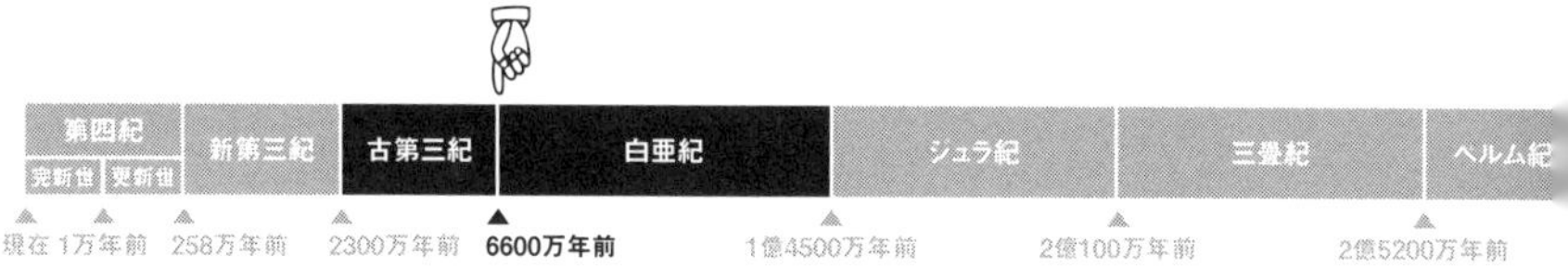

よそ6600万年前まで、7900万年にわたって続いた時代だよ。

いわゆる「恐竜時代」ですよね。

「恐竜時代」というと、「三畳紀」「ジュラ紀」「白亜紀」の3つの時代をまとめて指すことが多いね。この3つの時代を合わせて「中生代」と呼ばれている。白亜紀は、中生代の最後の時代だね。

ティラノさんや私が登場したのは、この白亜紀の終盤です。

そう。だいたい7000万年くらい前かな。ホモ・サピエンスのみなさんは、もちろん登場していないぞ。

みなさんの登場は、今から31万5000年くらい前ですね。

若いな〜。

え？　若い？　……若い、でいいのかな。まあ、とにかくそれくらい昔です。

その白亜紀という時代を終わらせることになったのが、「K／Pg境界絶滅事件」です。

「K」は、ドイツ語で「白亜紀」を意味する「Kride（クライデ）」の頭文字から来ています。

すると「Pg」は、「古第三紀」から来ているわけですね？　「白亜紀と古第三紀の境界となる事件」なわけですから。

そう。英語で「古第三紀」を意味する「Paleogene（パレオジン）」にちなんでます。

あれ？　「K」はドイツ語なのに、「Pg」は英語なんですね？

「白亜紀」の英語は「Cretaceous（クレテイシャス）」で、頭文字は「C」なんだけど、これを使うと紛らわしくなっちゃうんだ。

紛らわしい？

地質時代には、「カンブリア紀」や「石炭紀」という時代もあってね。

ああ、なるほど。「カンブリア紀」は英語で「Cambrian（カンブリアン）」ですし、「石炭紀」も「Carboniferous（カーボニファラス）」で、両方とも「C」で始まりますもんね。

そう。そこで、例外的にドイツ語が採用されて、「K」なんだ。ちなみに、「Pg」が2文字なのも同じ理由だよ。

「P」である時代が他にあるわけですね。

そう。「Permian（パーミアン）」……「ペルム紀」という時代がある。で、前置きが長くなったのだけど……。

ここまで前置きだったんですか……。

K／Pg境界絶滅事件というのは、僕ら「**恐竜類の絶滅**」で有名だね。

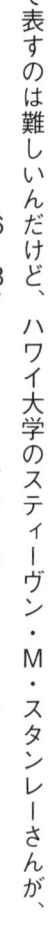

正確には、恐竜類の中でも、**鳥類は生き残った**んですけどね。彼らは私たちの仲間ですから。

そう。鳥類は生き残った。ズルいよね。

ズルいて……。恐竜類の他にも、クビナガリュウさんたちやアンモナイトさんたちも姿を消しました。

そう。彼らは同志。

同志て……。実際、どのくらいの規模の絶滅事件だったのですか？

数字で表すのは難しいんだけど、ハワイ大学のスティーヴン・M・スタンレーさんが、海の動物たちについては66〜68パーセントの種が消えたんじゃないか、って2016年に発表しているみたい。

68パーセント!?　3分の2じゃないですか。結構消えましたね。……って、「海の動物たち」って、陸は？　私たちの暮らしていた陸については？

陸の絶滅に関しては、こうした数字があまりなくてね。難しいらしいよ、陸の動物の絶滅率を計算するの。

どうしてですか？

いろいろな理由があるみたいだけど、地層のでき方のちがいが原因かな。

地層のでき方？　大丈夫です？　それ、難しい話になりません？　まだ、番組の冒頭ですよ。

たぶん大丈夫。海の地層って、基本的に絶え間なくつくられているみたいなんだ。陸から流れこんだ砂や泥、プランクトンの死骸などが降り積もっていくわけ。でも、陸の地層は、雨や風で削られることもあり、ものすごく〝途切れとぎれ〟なんだ。断続的なんだよ。

陸の地層は、せっかくつくられても消えているところがあるということですか？

そう。だから、海でできた地層では、K／Pg境界絶滅事件の「直前」と「直後」を比較して絶滅率を計算することができても、陸でできた地層では「直前の地層」と「直後の地層」そのものが少ないわけ。「直前の地層」と「直後の地層」が少ないと、絶滅事件でどのくらい種が減ったのか、わからない。実際には、ないわけじゃないけどね。地球規模で「絶滅率」を計算するなら、さまざまな地域からたくさんの「直前の地層」と「直後の地層」が必要なんだ。

地層がないと、そもそも、化石もないわけですし。なるほど。陸の動物は難しいんですね。

まあ、でも、いろいろな動物が姿を消したのは事実。だからこそ、ホモ・サピエンスのみなさんは、時代の境界としたわけで。

あれ？　でも、よく考えると、海の底にある地層を調べるのは大変じゃ……。

あとで少し触れるけれど、船を使って海底を掘る方法が1つ。でも、K／Pg境界から現在までの長い期間の地殻変動で、K／Pg境界の頃は海の底にあっても、今は陸になっている場所もあるんだ。そうした場所を調べる。

なるほど。次は、絶滅の原因についてせまっていきましょう。

隕石が原因？

古生物界随一の人気者、ティラノサウルスと、

アシスタントのトリケラトプスがお送りしている「K／Pg境界絶滅事件」です。ここからは、いよいよ大量絶滅事件の全容にせまっていきます。

……といっても、K／Pg境界絶滅事件については、その原因は今や超有名じゃないかな。

ですね。でも、まあ、一応、まとめておきましょう。**きっかけは、隕石だった**といわれているんですよね？

そう。直径およそ10キロメートルの巨大な隕石が落ちてきて……。

およそ10キロって、どのくらいでしょうか。

僕が７７０頭一列に並んだくらいだよ。

……それ、わかるようで、わからないです。７７０頭のティラノさん。

トリケラさんなら、１２５０頭分かな。

……計算、速いですね。でも、やっぱりわからないです。そもそも１２５０頭の仲間にあったことないです。

あれ？　君たちってとんでもない大きな群れで動いていなかったっけ？

……ああ、それは、親戚のセントロサウルスさんたちの話ですね。彼らなら１２５０頭……って、やっぱりわからないですよ。

うーん。あ、この番組って、21世紀の日本で放送されているんだよね？

そうですよ。

じゃあ、富士山だ。日本で暮らすホモ・サピエンスのみなさん。あなたの場所から、富士山はみえますか？　その富士山を3個縦に重ねれば、だいたい10キロメートルの高さです。

なるほど。いかがですか？ ホモ・サピエンスのみなさん。イメージが湧きました？

そんな巨大隕石が、今から6600万年前に落ちてきた。

コロニー落としみたいですね。

コロニー落としって、よく知ってるね。あれは、もっと大きな気がするけれど……いや、コロニーの中身は空洞だから隕石ほどには……どうなんだろ？

その**隕石が落ちてきて、大惨事**になったんですよね。

コロニー落としの検証はやらないの？

やりません。ガンダムネタはご自分でどうぞ。

自分で振ったくせに。……まあ、いいや。うん、そう、大惨事になった。**落下地点周**

辺の気温は、瞬時に1万度に達したみたい。

1万度！

そして、落ちた場所の表層……地球の表面と地下のあまり深くないところは、広い範囲にわたって粉々に砕かれて、とても小さい粒になった。**その粒が問題だったんだ。あまりにも小さかったので、すぐに地表に落ちることなく、長い間、大気にとどまってしまった。**それがものすごく大量だった。

その粒子が太陽光を遮って……。

地球の気温は下がっていった。衝突から10年にわたって、10度も平均気温が下がったといわれているよ。

ホモ・サピエンスさんたちの暮らす21世紀の日本でいうと……「暖かくなってきたなあ、もう5月か」と思っていたら、「2月の寒さになった！」みたいなものですね。

そう。言い換えれば、「初夏が冬まで戻る」。しかも長い冬だよ。植物が育たない。すると、植物を食べていたトリケラさんみたいな植物食動物がまず減っていく。

ひもじかったなあ。

で、**植物食動物が減ってしまえば、僕らも減らざるをえない。**

一蓮托生（いちれんたくしょう）ですね。**食物連鎖**ってやつ。

まあ、そういうことだね。今、トリケラさんとこうして仲良く話しているけれど、生きていたときは、食う・食われるの間柄だったよね。……そして、滅んでいったと。

これが、K／Pg境界絶滅事件のざっくりとした流れですね。しかし、ホモ・サピエンスさんたち、自分たちがみていたわけじゃないのに、よくこの〝絶滅の物語〟を語りますね。

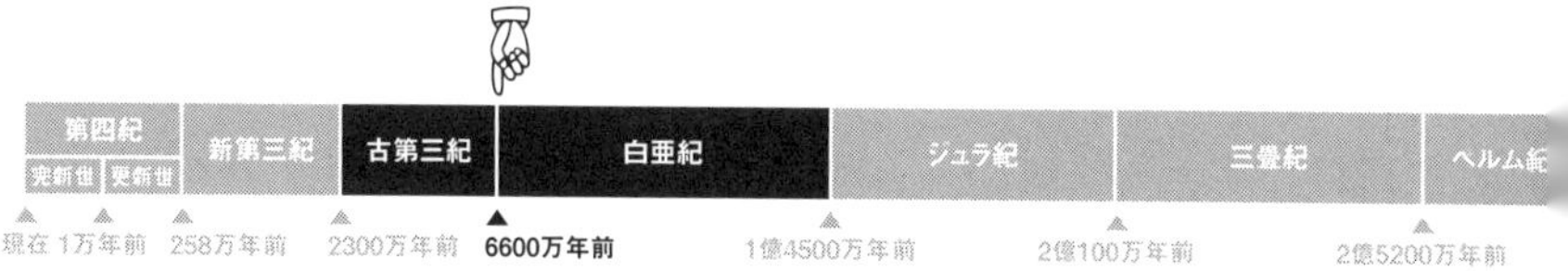

もともとは、１９８０年にカリフォルニア大学にいたルイス・Ｗ・アルヴァレッツさんたちが提唱した仮説みたいだ。この人、ホモ・サピエンスさんたちの世界ではちょっとした有名人だったみたい。

Ｋ／Ｐｇ境界絶滅事件の仮説を発表したのなら、そりゃあ、有名人でしょ？

いや、その前から。専門は古生物学や地質学ではなくて、核物理学。

核物理学……というと、原爆とか水爆とか、そっちの？

そう。実際、１９４５年に広島に落とされた原子爆弾にも関わっていたらしいよ。そして、１９６８年にはノーベル物理学賞を受賞している。

ああ、あの、なんだか難しいけれど、すごい賞を！

そう、その「なんだか難しいけれど、すごい賞」の受賞者なんだ（苦笑）。そんな人物が、僕ら恐竜類の絶滅に関わる研究を発表したものだから、とても注目された。

アルヴァレツさんたちは、何を根拠に「隕石衝突説」を発表したんです？

イリジウムだね。

イリジウム？　なんです、それ？

元素だよ。酸素とか水素とかと同じ、元素。

あー、ホモ・サピエンスさんたちが受験のときに覚えるやつですよね、元素。そのイリジウムがなぜ？

若いホモ・サピエンスさんたちは、語呂合わせとか大変そうだよね。イリジウムはね、本来は地球の奥深くにしかないと考えられている特別な元素なんだ。でも、僕らが姿を消したあたりの地層には、やたらたくさんあった。

それ、たしかに変ですよね。化石が埋まっている地層って、地球のごくごく表層じゃないですか。

そう。そこで、アルヴァレツさんたちは考えた。「あ、これは、地球の外からやってきたな」と。そこで、**大きな隕石が降ってきて、衝突で粉々になって、その中に含まれていたイリジウムが地球の表層に積もった、**というのさ。

いやー、大胆な仮説ですね。イリジウムからそこまで壮大な仮説を思いついちゃうなんて。

隕石衝突……じゃない？

でも、そんな壮大な仮説、すぐに受け入れられたんですか？　いくら有名な研究者が発表した仮説とはいえ……。

うん。有名な人の仮説だから注目はされたけれど、でも、発表したばかりの頃は、「有力な仮説」とはならなかったみたいだ。当時、いくつもの仮説があったからね。

たとえば、どんな？

たとえば、気候が突然変わって、いろいろと生きにくくなったとか、新しい生物が増えて恐竜たちが生きにくくなったとか、なぜか恐竜の卵が孵（かえ）らなくなったとか。

なんだか、ふわっとしてますね。

その通り（苦笑）。どれも「有力な証拠」がなかったんだ。隕石衝突説が発表されても、イリジウムだけでは説得力に欠けていた。隕石衝突で寒くなったといっても、じゃあ、どうして、トカゲやワニや哺乳類は生き残ったのか、とか。植物は白亜紀末と古第三紀で大きな変化がみられないのに本当に寒くなったのか、とか。隕石衝突説だけじゃなくて、どの説も決定的な証拠がなく、まあ、諸説が入り乱れていたんだ。どの説も、それなりに理論立ってはいたのだけれども、「思いつく可能性の数だけ仮説があった」

といえるかもね。それが1980年代だね。

「諸説あり！」ってやつですね。

でも、隕石衝突説に関して、強力な証拠がみつかることになる。

強力な証拠？

クレーターだよ。隕石が落ちたときにできる、大きな凹みだね。

ああ、それまでは、クレーターがみつかってなかったんですね。

そう。1980年代までは「隕石が衝突した」とはいっていても、どこへ落ちたのかがわかっていなかった。だって、生物の大量絶滅を引き起こすような、そんな隕石ならば、きっと大きなクレーターがあったはず。でも、「そんなクレーターはどこにあるんだ？」というのが、隕石衝突説に反対する人たちからの疑問だったんだ。

たしかに。コロニー落としのときも、オーストラリア大陸の一部が吹き飛んでいますものね。どこかに大きなクレーターがなければ、おかしいです。

え？　まだ、一年戦争（ガンダム）ネタをもってくるの？　それ、膨らまして良いの？

いえ。でも、あったんですよね？　クレーター。

……冷たいな。自分から振ってるくせに。

あったんですよね？　クレーター。

……あった。まず、1990年にアメリカ地質調査所のブルース・F・ボホールさんとルッセル・セイツさんが、メキシコ湾からカリブ海にかけて海底にクレーターがあり、その中心はキューバの南西にあるフベントゥー島付近にある、と予想したんだ。

メキシコ湾、カリブ海、キューバ……って、私たちの暮らしていた場所からあまり離

れていませんね。

偶然にも近かったね。そして、1991年にアリゾナ大学のアラン・R・ヒルデブランさんたちが、**メキシコのユカタン半島の先端からその沖合にかけて、「白亜紀末にできた大きなクレーターをみつけたぞ」と発表した**んだ。

おお！

その大きさたるや、直径180キロメートル！

180キロ！

僕が……えっと……。

いや、ティラノさんでたとえられてもわかりませんから。

じゃあ、トリケラさんが……。

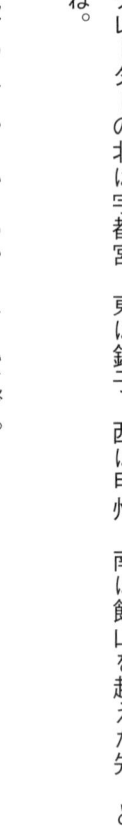

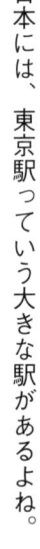

生き物以外でたとえてくださいよ。

うーむ。じゃあ、21世紀日本には、東京駅っていう大きな駅があるよね。

あるみたいですね。かなり大きな駅みたいです。

そこがクレーターの中心だとする。

仮に、ですね。

すると、クレーターの北は宇都宮、東は銚子(ちょうし)、西は甲州、南は館山を超えた先、という具合だね。

……関東地方の人じゃないとわかりにくい気が。

簡単にいえば、東京、埼玉、千葉、神奈川の各都県はほぼ完全にクレーターの中。つまり、同じ規模の隕石が東京駅の真上に落ちて、同じようなクレーターができたら、南関東は壊滅ということだね。

おぉ、それはすさまじい。

ライバルだった「大規模噴火説」

もしも、クレーターが発見されなければ、どんな仮説が最有力だったのでしょう？　隕石衝突説は、そもそも「イリジウム」という証拠があったんですよね？

そうだね。もともと隕石衝突説は、本来は地球の奥深くにしかないイリジウムが、僕らが姿を消したあたりの地層にやたらと含まれていることから思いつかれたものだった。ざっくりいえば、「巨大な隕石が落ちなければ、地球の表層にはありえない元素」とみなされたわけだ。

たしかにその考えは、すごくしっくり来るんですよね。「ないものがある」「じゃあ、それはどこから来たのか」「地球にないなら、宇宙から来たんじゃないの」という考え方。クレーターがみつからなくても、イリジウムだけで結構有力な仮説にみえちゃいませんか？

いや、ちがうよ。

ちがう？

今、トリケラさんは、「地球にないなら、宇宙から来たんじゃないの」っていったけど、それはちがう。**「地球にない」じゃなくて、「地球の表層にはない」**だよ。

え？　それって同じじゃないです？

ちがうよ。**「地球の表層にはない」ってことは、「地球の奥深くにはある」**ってことだよ。

……あ。そういえば、なんか、ティラノさんもそういってましたね。

うん。「地球の奥深くにはある」ってのは、大事なことなんだ。

でも、「奥深くにはある」っていっても、たとえば、私たちが地面を掘って出てくるわけじゃないんすよね？

そんな浅い場所じゃないよ。今のホモ・サピエンスさんたちの技術力を使ったって、大量に手に入れるのは難しいんじゃないかな。

じゃあ、結局は同じじゃないですか。そんな深い場所の元素が地球の表面近く……表層っていってましたっけ。表層にあるのは、やっぱり隕石のせいじゃないですか？

もう1つあるじゃない。地球の奥深くから元素が表層に運ばれる現象。

……？

わからない？　さっき、隕石の規模のたとえに何を使ったっけ？

ティラノさん。

ではなくて。

私……でもなくて、あ、富士山。富士山！　火山ですか！

そう。**火山の噴火があれば、イリジウムは地球の奥深くからやってくる。**

あー、たしかに。隕石、必要ないじゃないですか。あ、でも、火山噴火って、今でも普通に起きていますよね。火山噴火で、生物の絶滅って起きるんですか？　もしも起きるなら、今も頻繁に絶滅が起きちゃうんじゃ……。

まず、**火山噴火があれば、気候が変わることがある。**これはたしかだよ。今でも、大規模な火山噴火があると、そこから噴き出た火山灰や、もっと小さな粒によって、日

光が遮られることがあるんだ。で、少し冷え込む。

すると大規模な噴火があれば。

大規模な噴火があれば、隕石衝突説のときと同じシナリオが進むことになるね。地球の気温が長期にわたって下がって、植物が育たなくなって、植物食動物が死んで、それを食べる肉食動物も死んで……ってね。

うわ。たしかに。クレーターが発見されなければ、火山の噴火も有力な仮説だったんですね。……あれ？　でも、そんな大規模な噴火ってあるんですか？　実際のところ。

あった、と考えられているね。大規模噴火の証拠はあるんだ。

おっと、証拠がある？

デカン高原って知ってる？

デ・カ・ン……？

うーん。たまには、ホモ・サピエンスの学校で使われている教科書や地図帳をみると良いよ。いろんな情報があるから。僕らの暇つぶしにはちょうどイイ。

ははは（汗）。考えてみます。で、デカン高原ってなんですか？

デカン高原は、インドの大部分を占める台地だよ。このデカン高原の大部分が溶岩でできているんだ。その面積は100万平方キロメートル以上。溶岩の厚さは最大で2000メートルに達するんだ。

広っ！　厚っ！　でかすぎません、その溶岩。

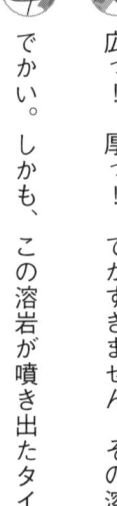

でかい。しかも、この溶岩が噴き出たタイミングが、僕らの絶滅時期に近いときているんだ。

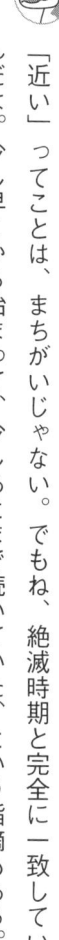

おー、これ、有力な証拠じゃないですか。クレーターが発見されたとしても、隕石衝突説とはりあうような有力な仮説といえません？

まあ、実際、クレーターの発見前……１９８０年代の半ばには、とくに有力と考えられていたみたい。でもね、大きな問題もあるんだ、デカン高原説は。

大きな問題？

噴火の時期が厳密に特定できていないんだよ。

え？　だって、さっき、「僕らの絶滅時期に近い」っていいませんでした？

「近い」ってことは、まちがいじゃない。でもね、絶滅時期と完全に一致していないんだよ。少し早くから始まって、少しあとまで続いていた、という指摘もある。

少しって、どれくらい？

１００万年前には、始まっていたんだって。

……結構、前ですね……。

絶滅とタイミングが一致しないと、絶滅の理由とはいえないかな。そんなわけで、クレーターの発見もあって、火山噴火説は有力とはいえないものになっていったんだ。

なるほど。いや、面白いですね。このあたり、もっと詳しく知りたいかも。

お、勉強する気になった？

はい。でも、この番組は先に進めないといけないから……。ねぇ、ティラノさん。私でも読める本ってありますか？　隕石衝突説VS大規模噴火説、みたいなの。

あるよ。少し古いけどね。ジェームズ・ローレンス・パウエルって人が、１９９８年に『NIGHT COMES TO THE CRETACEOUS（ナイトカムズトゥザクレテイシャス）』って本を書いている。

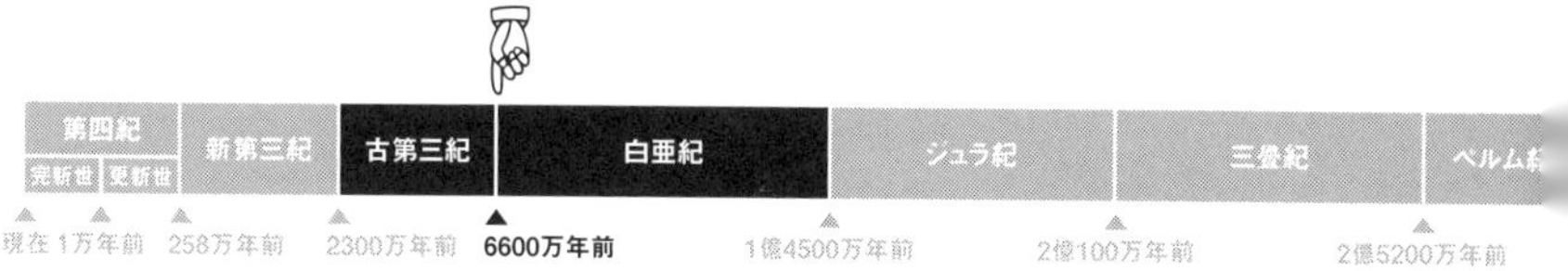

……あ、えーっと、最近、私は日本語慣れしすぎちゃって、英語は苦手なんですけど。

日本語慣れしすぎるって、何？　まあ、でも、安心して。２００1年に『白亜紀に夜がくる』っていう翻訳版が出てるから。20年前の本だから、ホモ・サピエンスの本屋さんに残っているかどうかはわからないけれど、図書館にならあるんじゃないかな。

『白亜紀に夜がくる』ですね。メモしておきます。

隕石衝突説で決まり!?

ティラノさん、ここで、リスナー（読者）のホモ・サピエンスさんから質問が来ていますよ。

え？　リスナー？

はい。60代男性の方です。

……そんな設定、あったっけ？

今の言葉は聞いてないことにしますね。

……。

質問です。「そもそもK／Pg境界絶滅事件は、何年前の事件なのでしょうか？　私が子供の頃は、6400万年前といわれていたと思うのですが……、でも、新聞や本、テレビなどをみると、6500万年前とか、6550万年前とか、6600万年前とか、いろいろな数字が入り乱れていて、よくわかりません」だって。

なるほど。良い質問ですね。……さて、トリケラさん、ホモ・サピエンスさんたちのいう「○年前」という数字、どうやって出していると思う？　地層にその数字が書かれているわけじゃないよね。

あ、それ、知ってますよ。僕らの骨に含まれているホウシャセイなんたらを使って計

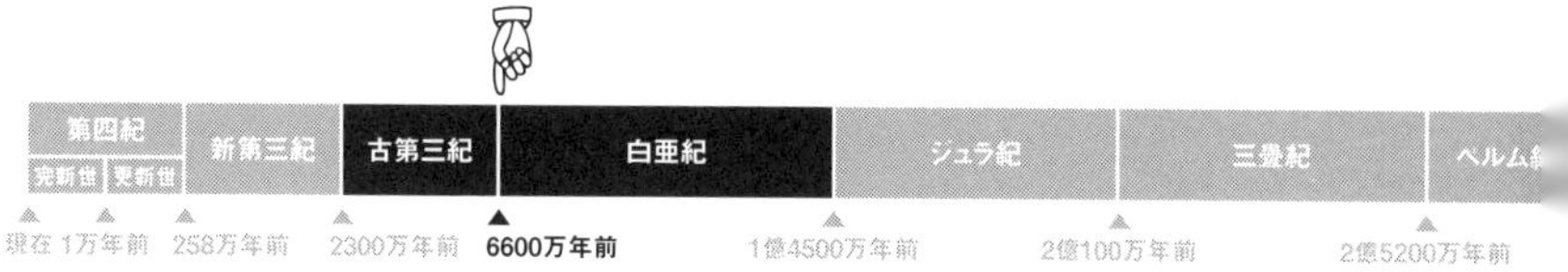

算しているんですよね。

放射性同位体ね。残念ながら、僕らの骨に含まれている元素じゃ、放射性同位体は使えない。でも、イイトコついてる。地層中に含まれる放射性同位体を使って計算するんだ。で、この計算には、機械が使われる。

あ、わかった！　数字が異なるのは、その機械が進歩したから、ですね？

そう。技術が進歩して、より正確な数値が計算で出るようになったんだ。だから、◯年前という数字は、頻繁に更新される。今は、６６００万年前という数字が最新だね。

なるほど。60代男性さん、いかがでしたか？　数字は絶対的なものではなく、頻繁に更新されているみたいです。続いて、30代の女性からも質問です。

……いや、だから、その設定……。

質問です。「本を読んでいると、K／Pg境界ではなくて、『K／T境界（ケーティー）』という言葉も見かけるのですが……。この2つは別物ですか？」

……これはですね。「T」は、「Tertiary（ターシャリー）」の頭文字です。「Tertiary」は、日本語に訳すと「第三紀」。2000年代の初頭まで、古第三紀と新第三紀を合わせて、「第三紀」と呼んでいたんです。でも、今はこの2つの時代をまとめることはしなくなったので、古第三紀、つまり、「Paleogene」の「Pg」を使ってます。ですから、K／T境界とK／Pg境界は、同じものですね。もっとも、「第三紀」という言葉が使われなくなったので、K／T境界という言葉も今は使われていません。

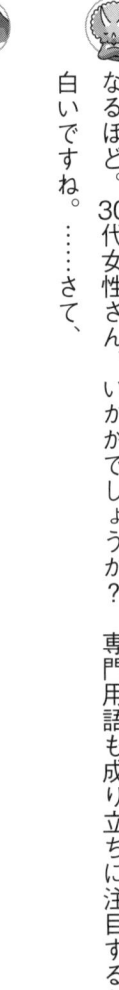

なるほど。30代女性さん、いかがでしょうか？ 専門用語も成り立ちに注目すると面白いですね。……さて、

さて？

本題に戻りましょう。

今の質問コーナー、なんだったの？

戻りますね。

……はい。

クレーターがみつかって、その後の研究はどのように進んでいったのですか？

次々と隕石衝突説の証拠が発見されるようになったんだ。たとえば、巨大津波の証拠。

津波？

そう。クレーターがある場所のほとんどは、海の底だ。つまり、巨大隕石は海に落ちた。その衝撃で津波が発生した。この津波のあとが、クレーターを中心に発見された。K／Pg境界のときの**津波は、場所によっては300メートルの高さにまで遡上**した……つまり、斜面を上ったといわれているよ。

標高300メートルの山に登っていても、助かったかどうかわからない、ってことですよね。ぞっとします。

他にも専門家ならば「なるほど」と思うような証拠が次々とみつかっていったんだ。証拠がどんどん発見されていったんだけど……。

だけど？

実は、世間では、「隕石衝突説、怪しいんじゃない？」「他の仮説も有力だよ」といわれていたのが2000年代。

証拠が増えたのに？　それって変ですよね。

これはね、マスコミのせいだという指摘がある。だって「隕石衝突説の新たな証拠を発見」というニュースよりも、「隕石衝突説、覆る」のニュースの方が面白いもんね。だから、**研究者たちが「有力だ」と思っている仮説と、世間一般の認識が離れ**

ていったんだ。

うあ。……メディアの一員として、耳が痛いです。

……そこで、研究者たちが「これは、あかん」と考えたらしくて、フリードリヒ・アレクサンダー大学エアランゲン＝ニュルンベルク……これ、あってるのかな、長い大学名だけど……のペーター・シュルツさんが筆頭となって、世界中のさまざまな分野の研究者が連名で２０１０年に研究を発表したんだ。この発表に名前を連ねた研究者の数は、なんと41人。

41人！　……そんなに大勢で１つの発表をすることって、よくあるんですか？

なくはないけど……珍しいね。この研究で「隕石衝突によって大量絶滅が起きた」と、まあ、改めて断言されたんだ。

断言された……って、すごいですね。

正確には「conclude（コンクルウド）」、つまり、「結論する」という表現だけどね。

それ、隕石衝突説の反対派の人たちからは文句は出なかったのでしょうか？　だって、「結論する」っていう言葉もかなり〝強い表現〟ですよね？

もちろん出た。でも、事実上、この発表で大勢は決したといえる。この発表でしっかりまとめられたことを覆す異論は、まあ、出にくくなったね。実際のところ、たとえば、イリジウムの存在は大規模噴火説でも説明できたように、隕石衝突説の証拠の1つや2つは、他の仮説でも説明できるんだ。でも、隕石衝突説には、イリジウムの他にもクレーターや津波の痕跡など、他にもたくさんの証拠があって、その証拠をすべて説明できる他の仮説はないんだよ。たとえば、大規模噴火説では、クレーターの存在や、津波の痕跡を説明することはできない。

なるほど。そう考えると、アルヴァレツさん……でしたっけ？　1980年にその仮説を最初に発表した人はすごかったんですね。

そうだね。ちなみに、２０１０年の発表に至るまでの経緯は、この発表の著者に名前を連ねている東京大学の後藤和久（ごとうかずひさ）さんの著書『決着！　恐竜絶滅論争』にまとめられているよ。

おー、メモしておきます。あとで読んでみますね。

大規模噴火説はどうなった？

まだＣＭまで時間があるみたいなので、私から質問しても、いいですか？

あれ？　まだ時間が残ってるの？

私たち、一番長い尺をもらっていますから。

なんだか、他の番組に悪いね。で、質問だっけ？

はい。結局、大規模噴火説はどうなったのでしょう？　だって……デカン高原、でしたっけ？　溶岩でできたインドの大きな台地。それはたしかに存在するんですよね？

もちろん、デカン高原が白亜紀の末期にできた、ということは揺るがない事実だね。デカン高原とＫ／Ｐｇ境界絶滅事件の関係については、プリンストン大学のブレア・ショーネさんたちが、２０１９年に発表しているよ。

２０１９年？　つい、最近じゃないですか。

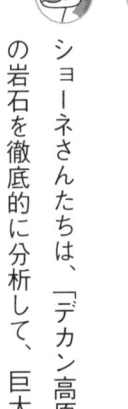

ショーネさんたちは、「デカン高原がいつできたのか？」に注目したんだ。デカン高原の岩石を徹底的に分析して、巨大隕石がユカタン半島沖に衝突したタイミングとの関係を調べた。

ふむふむ。

すると、数回の噴火があってそのうちの１つは、巨大隕石が衝突する数万年前に起き

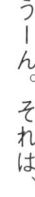

ていたことがわかったんだ。これが数回あった噴火の中で、一番大きかったみたい。その他にも、隕石衝突の数十万年前から小規模・中規模の噴火はしばしば起きていて、隕石衝突のあとも、たとえば、10万年ぐらいあとと、40万年ぐらいあとにも大きな噴火があった、ということがみえてきた。

へぇ。数万年前に大規模な噴火。じゃあ、絶滅事件そのものとの関係は？

それが難しい。数万年前の噴火で絶滅が起きるかな。たとえば、ホモ・サピエンスさんたちが明日、いっきに数を減らしたとして……。

減らしたとして……。

「その原因が数万年前の火山活動だった」ということになると思う？

うーん。それは、難しいですね。

他にもこんな研究がある。同じ2019年に、カリフォルニア大学のコートニー・J・スプラインさんたちが、先ほどのショーネさんたちとは別の方法で、デカン高原のできた時期と規模を調べたんだ。その結果、当時、噴火があったことはたしかで、そのマグマの量は、K／Pg境界絶滅事件の前後100万年以内に90パーセント以上が噴出していたことがわかった。

90パーセント。めちゃくちゃ大量じゃないですか！

ところがそのうちの70パーセントは、K／Pg境界絶滅事件のあとに噴出していたみたいなんだ。

おっと。遅かった……。

そうだね。絶滅したあとの噴火じゃ、何を絶滅させるのか……。でも、別の見方からすると、30パーセントはK／Pg境界絶滅事件の前に噴き出している。デカン高原の噴火は何しろ大規模だから、30パーセントでも、なんらかの気候変化に関係していたか

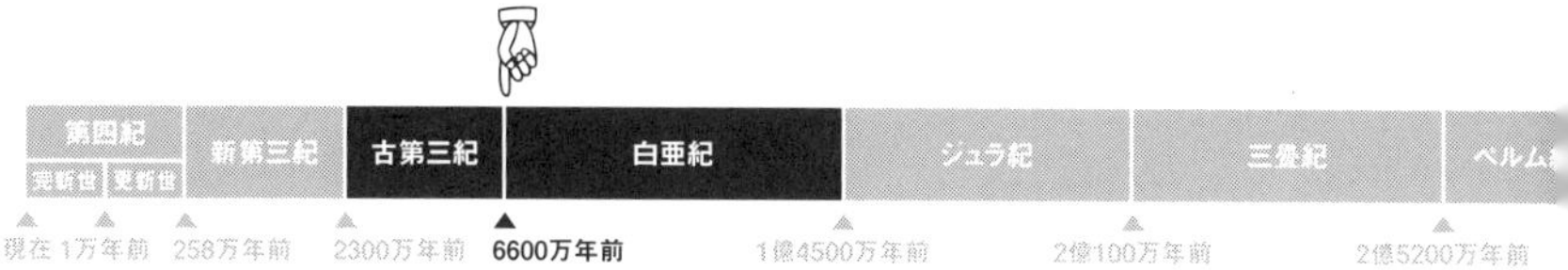

もしれないね。

たしかに。……まったく影響なかったとは……あれ？　でも、ショーネさんたちとスプラインさんたちの結果って、ちがいませんか？　ショーネさんたちは、数万年前に最も大きな噴火があったっていっていて、スプラインさんたちは絶滅後に大量に噴き出たって……。

そこが大規模噴火説の悩ましいところなんだ。何しろ、デカン高原は広い。どこの場所で研究対象となる岩石を採集して、どんな手法で分析したかによって、値がちがってくるんだ。

なるほど。まさに〝研究の世界のリアル〟ですね。

まあ、今のところはっきりといえるのは、**隕石衝突が絶滅の主な原因だったということは多くの研究者が認めてる。でも、同じような時期に大規模噴火があって、そのこともひょっとしたら、絶滅に一役買っていたかもしれない**、っ

てところかな。大規模噴火説というよりも、大規模噴火そのものについて、採集される試料が増えたり、分析技術が進歩すれば、もっとたくさんのことがわかってくると思うよ。

今後に期待ってコトですね。次のコーナーでは、隕石衝突が動物たちに与えた影響についてみていきましょう。

恐竜類は、絶滅前に数を減らしていた？

古生物界随一の人気者、ティラノサウルスと、

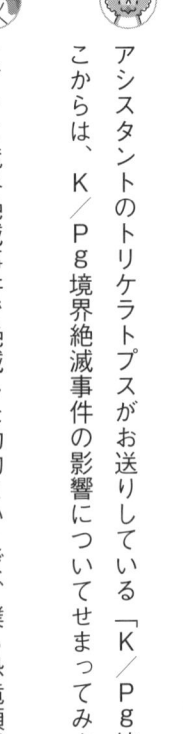

アシスタントのトリケラトプスがお送りしている「K／Pg境界絶滅事件」です。ここからは、K／Pg境界絶滅事件の影響についてせまってみましょう。

K／Pg境界絶滅事件で絶滅した動物といえば、僕ら恐竜類だね。

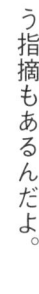

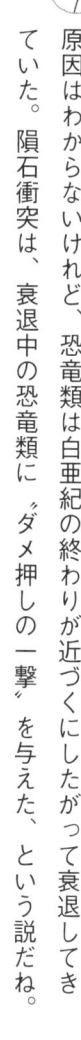

そうですね。何よりも、恐竜類の絶滅が有名です。もっとも、恐竜類の1グループである鳥類は生き残りましたけど。

そう。鳥類は生き残った。ズルいよね。

……また、そういう……。

ただし、ただし、だよ。K／Pg境界絶滅事件前に、恐竜類は衰退期にあった、という指摘もあるんだよ。

どういうことですか？

原因はわからないけれど、恐竜類は白亜紀の終わりが近づくにしたがって衰退してきていた。隕石衝突は、衰退中の恐竜類に〝ダメ押しの一撃〟を与えた、という説だね。

……ということは、白亜紀末期に出現したティラノさんや私たちは、〝弱くなっていく

恐竜類〟の一種、ということになります？

まあ、僕は、「史上最強の肉食恐竜」「超肉食恐竜」とか呼ばれている〝最強種〟だけどね。

また、そうして自分だけ特別あつかいをする。……でも、実際にありえるんですか？私たちがK／Pg境界絶滅事件前に勢力を弱めていたという可能性。

うーん。「そういう指摘もあるよ」ってレベルかな。この見方には、反対意見の方が多い。たとえば、ロードアイランド大学のデイヴィッド・E・ファストフスキーさんたちは、「最後の1000万年間まで恐竜類の『多様性』は増え続けた」って、2004年に指摘してる。

最後の1000万年間まで？

まあ、そこは精度の問題なので、基本的には「K／Pg境界絶滅事件まで」というの

が、ファストフスキーさんたちの発表の趣旨かな。ファストフスキーさんたちは、各大陸ごとに発見されている恐竜類のデータを調べ、恐竜類の登場から絶滅まで、中生代という時代を通して、どのように多様性が変わっていったのかを調べたんだ。その結果、基本的に恐竜類の多様性はずっと増えっぱなしだった。すべての大陸で。

なるほど。……ちょっと待ってください。今、「多様性」っていいましたよね？

うん。いったよ。種類の数のことだね。

個体数じゃなく？　重要なのは、個体数じゃないんですか？　何頭いたかという……。

あー、なるほど。個体数か。うん、個体数はちょっと難しいかな、把握するのは。

どうしてです？　発見されている化石の数を調べれば良いのでは？

化石って、全身のすべてが残るわけじゃないからね。とくに僕らみたいな、大型の陸(りく)

棲（せい）動物はそう。なかなか全身が残らない。

そうですね。化石になるには、地中に埋もれる必要がありますが、私たちの場合は死んで地中に埋もれる前に、他の動物にからだの一部を持ち去られたり、壊されたりしますし、雨や風でも壊れていきます。……って、自分で自分たちの死後の話をすると、なんとも微妙な気分になりますが。

そこはしかたないよ。で、そうそう、全身が残っていない場合が多い。すると、たとえば、ごちゃごちゃって化石がたまっている場所があって、そこで発見された骨が、同じ個体のものかどうかわからない。

あー、なるほど。頭骨など、1個体に1つしかない骨がみつかれば良いけれど、肋骨（ろっこつ）とか、形がよく似ていて数もたくさんある骨だと、たしかにごちゃごちゃになると、どれが自分のものなのかわからなくなりますね。

実際、ステゴサウルスさんっているでしょ？

はい。背中に並んだ骨の板と、尾の先のトゲがトレードマークの恐竜ですよね。

うん。そのステゴサウルスさんのお仲間で、背中の骨の板の化石がいくつもみつかったことがあって、それが同じ個体のものなのか、別の個体のものなのか、っていう議論もあるみたいなんだ。

あー、なるほど。たしかにあの板は、似てますものね。わかりました。多様性に注目するしかない理由。

そう。**個体の数で議論をすることは、事実上できない**んだよ。だから、まあ、現在の地球をみる限りは考えられないけれど、たとえば、極端にいえば、「1種類しかいないけど1億頭」いたという場合と、「1億種類いたけれど、それぞれの種類には1頭しかいない」という場合では、どちらも全体としては合計1億頭だけれど、「1種しかいないけれど、大繁栄」というのは、化石ではわかりにくい。

まあ、1種類1頭だけって、そもそも交尾する相手がいないから、滅びますけどね。

だから、極端な例だって。**でも、種類の多様性は、「絶滅」ってことを考えるなら、多い方が良いよ。**

なんでですか？　なんとなく種類が少ない方が平和な気がするのですが。

1種類しかいなければ、1つの理由で滅んじゃうから。たとえば、寒さに弱い種類しかいないと、地球の気候が寒くなった時点でアウト。でも、寒さに強い種類もいれば、地球の気候が寒くなって、寒さに弱い種類が滅んでも、寒さに強い種類は生き残る。

なるほど。もしも「地球にいる生命が1種類だけ」だったら、地球は何かのきっかけで簡単に「死の惑星」になってしまうということですね。

そういうこと。それに、そもそも、生物は子孫を残し続ける限り、種類は増えていくものなんだ。

え？　自動的に？

「自動的」って表現が正しいかどうかわからないけど、まあ、「自然に」。子孫を残していく間に、「突然変異」という変化が起きて、新しい種類が生まれるんだよ。突然変異が起きるスピードも、新しい種類が生き残ることができるかどうかということも、状況によってちがうけれど、でも、時間が経(た)てば、自然に多様性は増えていくんだ。

なるほど。そして、そんな多様性の傾向を大きく崩しちゃうのが、「大量絶滅事件」ということなんですね？

そういうこと。**新種が生まれれば、絶滅する種もいる。それは、長い生命の歴史では、〝普通〟にある。でも、絶滅する種類の数が、とてつもなく多いと、大量絶滅事件となる**わけ。簡単にいえば、「普通じゃない絶滅」ってとこかな。

わかりました。いや、話がそれてしまいましたね。で、本題に戻しましょう。私たち恐竜類は、K／Pg境界絶滅事件まで、〝普通に数を増やしていた〟ということで良いんですよね？

そうだね。１００パーセントの断言はできないけれど、その見方の方が有力。もっとも、反対意見もある。たとえば、大英自然史博物館のポール・Ｍ・バレットさんたちは、「増えてみえるのは、単純に発見されている数が多いからじゃないの？」と２００９年に指摘しているよ。

どういうことです？

化石は地層から発見されるよね？

そうですね。

その地層は、すべての時代で均等に残っているわけじゃないんだ。地層が少ない時代もあれば、多い時代もある。大まかな傾向としては、新しい時代の方が地層が多く残っている。

なるほど。つまり、新しい時代の地層は数が多いんだから、発見される化石の数も多い。だから、K／Pg境界に近づけば近づくほど数が多くなるのは、当たり前といえば当たり前なんですね。化石が多く発見されれば、種類の多様性も高くなるし。

そう。で、バレットさんたちは、コンピューターを使って、「もしも、すべての時代の地層が均等だったら、恐竜類の多様性はどう変わったのか？」ということを調べた。すると、どの時代もほぼ同じで、K／Pg境界で急激に減っていた。

ありゃ？　じゃあ、やはり衰退期だったんですか？　私たち。

うーん。これはこれで、コンピューターに投入したデータやモデル……計算式が正しかったかどうか、という問題があるからね。バレットさんたち自身も、そのことは指摘している。まあ、「地層のことをもっと考えようよ」という警鐘かな。それに、K／Pg境界の直前で減ってはいるけれど、長期的にはほぼ変化がないという結果だし、「衰退していた」っていえるかどうかは微妙じゃないかな。

いろいろと難しいですね。

難しい。こんな指摘もあるんだ。2019年に、インペリアル・カレッジ・ロンドンのアルフィオ・アレッサンドロ・キアンレンザさんたちが、やはりコンピューターを使って、恐竜類の多様性を調べた結果を発表した。この研究では、現在知られている北アメリカ各地の地層のデータを使うとたしかに多様性は減少しているけど、でも、北アメリカ大陸全体の〝かつてあったであろう地層〟も含めてコンピューターで予想すると多様性はむしろ増えていた可能性があると指摘されたんだ。

こりゃまた。

まあ、結局は、データの数とその分析をするためのプログラムの精度の話なので、K／Pg境界前に恐竜類はすでに衰退していたのか、それとも、まだまだ繁栄が続くところだったのかは、今後の研究で次第に明らかになっていくことなのかもね。

将来に期待、ということですね。ところで、私たちって、K／Pg境界で完全に滅び

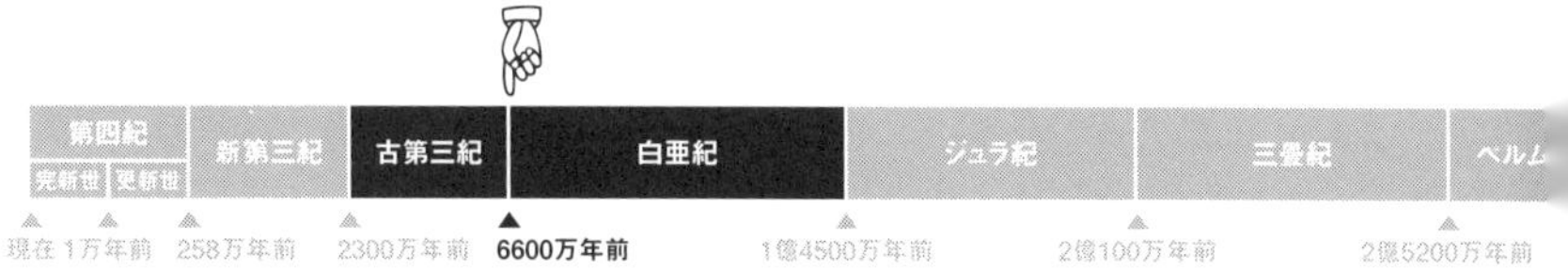

たんですか？　……あ、鳥類さん以外は、という意味です。

うん、鳥類さん以外は滅びた。でも、どうして、今さらその質問を。

いやー、なかにはK／Pg境界絶滅事件を生き延びて……生き延びたんだけど、現在に至るまでのどこかで滅びちゃったという恐竜類もいたのかな、って。

あ、そういう質問ね。たしかに、「K／Pg境界よりもあとにできた地層から、恐竜化石が発見された！」という報告もある。

ああ、じゃあ、生き残りがいたんですね！　やっぱり！

でもね、その化石は、再堆積じゃないか、って指摘されている。

サイタイセキ？　なんです？

「堆積」ってのは、地層がたまること。「再堆積」というのは、地層が崩れてもう一度堆積すること。たとえば、早稲田大学理工学研究所の高橋昭紀（たかはしあきのり）さんと、『決着！　恐竜絶滅論争』の後藤さんが２０１０年に指摘している。「K／Pg境界よりもあとにできた地層」とはいっても、その地層は、実は「K／Pg境界よりも前にできた地層」が崩れて再堆積したものだったとか。

絶滅前の地層の中にあった恐竜化石が別の場所に運ばれて、K／Pg境界のあとに堆積した、ということですか？

そういうこと。あるいは、たとえば、「K／Pg境界のおよそ１００万年あとにできた地層で恐竜化石がみつかった」といっていても、その「およそ１００万年」という数字の信憑性（しんぴょうせい）が疑われていたり、ということもある。それに、「およそ１００万年」という数字を計算したときの誤差の範囲をみると「K／Pg境界よりも前」の可能性もあるかもしれない。たとえばこの場合、誤差が２００万年だとしたら、K／Pg境界の前も含まれる。

信憑性……。誤差……。

再堆積もない。信憑性が疑われてもいない。誤差の心配もない。そんな場所では、K／Pg境界を越えて恐竜類の化石は発見されていないんだ。だから、高橋さんと後藤さんはこう書いている。「恐竜類はK／Pg境界で完全に絶滅したと考えるのが妥当である」。

なるほど。生き残り、いなかったんですね。なんだか寂しい。

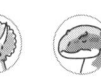

まあ、しかたないよね。

では、次のテーマにいきましょ。

おっと、今回、短いな。

まあ、それもしかたないです。大人の事情ってやつですね。次は私たち恐竜類以外への、絶滅事件の影響にせまります。ゲストさんも出てくる予定です。

もちろん、恐竜以外にも

古生物界随一の人気者、ティラノサウルスと、

アシスタントのトリケラトプスがお送りしている「K／Pg境界絶滅事件」です。ここからは、K／Pg境界絶滅事件が、恐竜以外にどのような影響を与えていったのかをみていきましょう。

ゲストをお呼びしています。僕らよりも5000万年以上も昔、白亜紀前期の中国に暮らしていた哺乳類のレペノマムスさんと、僕らよりも2000万年くらい昔の日本にいたアンモナイト類のニッポニテスさんです。

どうも、こんにちは。哺乳類の真三錐歯類（しんさんすいしるい）というグループに所属しているレペノマム

スです。「レペノ」と呼んでください。

こんにちは。日本のホモ・サピエンスのみなさん、アタシを知ってますか？　ニッポニテスとは「日本の石」！　アンモナイト類のヒロイン！　ニッポニテスです。「ニッポ」って呼んでね！

いっきににぎやかになりましたね。トリケラさん、おふたりを簡単に紹介してください。

はい。では、まず、レペノマムスさんから。レペノさんは、白亜紀前期の中国にいた哺乳類です。「恐竜時代の哺乳類は小型」というイメージを覆し、その大きさは80センチメートルと大型。がっしりとしたアゴと鋭い歯をもっておられます。恐竜類の幼体を襲い、食べていたというツワモノです。今回は、中生代の哺乳類の代表として、来てもらいました。

13メートルのティラノさんや、8・5メートルのトリケラさんに「大型」っていわれ

てもピンと来ませんね。僕はトリケラさんの10分の1サイズだし……。

でも、あれでしょ。生きていたときは、恐竜類を襲っていた。なんでも、トリケラさんと同じ角竜類を食べていたらしいじゃない。

はい。おいしくいただきました。

やー、怖い怖い。今日は、僕を襲わないでくださいね。

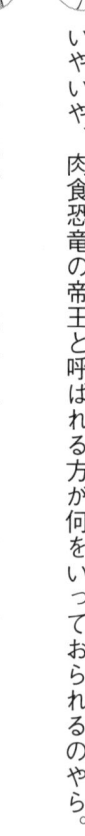

いやいや、肉食恐竜の帝王と呼ばれる方が何をいっておられるのやら。

そして、ニッポニテスさん。今は、こうして空中浮遊されていますけれど……、あ、リスナーのみなさんにはみえないか。ニッポさんは、今、マイクの前でぷかぷか浮いています。そのニッポさんは、大きさは10センチメートル未満のアンモナイト類。生きていたときは、海の中を泳いでいたそうです。その姿は、なんだかチューブを複雑に巻いたような、そんな殻の形をしておられます。ニッポさんは、「日本を代表する化

石」として、古生物学に関わる日本のホモ・サピエンスさんたちが組織する「日本古生物学会」のシンボルマークにもなっているんです。もちろん今日は、日本のアンモナイト類の代表としての出演です。

ハイ。アタシのこの形は「ヘビが複雑にとぐろを巻いた」っていわれることが多いですね～。

アンモナイト、っていうと、殻がぐるぐると平面で螺旋（らせん）を描いている姿を思い浮かべますが……。

そういう種（コ）もたくさんいますよ。アタシたちみたいなアンモナイトは、まとめて「異常巻きアンモナイト」と呼ばれています。

異常？　なんだか怖いですね。

いや、なーんも、怖くないです。今、ティラノさんがいった「殻がぐるぐると平面で

螺旋を描いていて」にもう1つ、「外側と内側の殻がくっついている」という条件をあわせもつアンモナイトは「正常巻きアンモナイト」って呼ぶんです。まあ、一般的に想像される「アンモナイト」はこちらですね。**「異常巻き」は、「正常巻きじゃない」というくらいの意味しかありません。**

じゃあ、たとえば、まちがって進化したとか……。

いやいやいや。アタシら、白亜紀半ばの北西太平洋ではそれなりに繁栄していましたから。当時は、ごく普通でしたよ、異常巻きアンモナイト。

へぇー。いや、面白いですね。

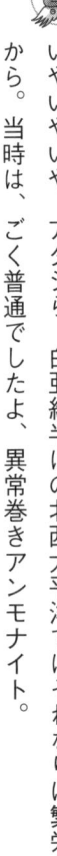

……というわけで、このコーナーは、このメンバーで進めていきます。

まず、あれですね。いきなりゲストと関係のない話題で申し訳ないのだけれど、ズルいやつについて。

ズルいやつ？

そう。僕ら恐竜類の一員のくせに生き残ったやつがいるでしょう。

あー、鳥類。

そうそう。

同じ恐竜類のくせに鳥類が生き残ったのはなぜか？　なぜ、K／Pg境界絶滅事件の影響を受けなかったのか？

たしかに。それは気になりますね。

いや、K／Pg境界絶滅事件の影響を受けなかったわけじゃないよ。

え？　そうなんです？

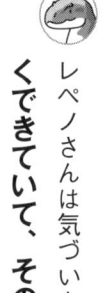

私もてっきり、影響を受けなかったと思ってました。

無理もないけど。鳥類って、化石に残りにくいんだよ、その骨が。

骨が？

あー、そういうこと。

レペノさんは気づいたみたいですね。そう。**鳥類って、空を飛ぶ都合上、骨が軽くできていて、その分、もろい。だから化石に残りにくい。**

なるほど。化石に残りにくいと、「絶滅した」って議論は難しいですもんね。本当に滅んだのか、それとも、化石が残らなかっただけなのか。

そうなんですよ。でも、イェール大学のニコラス・R・ロングリッチさんたちが、恐竜時代の鳥類のデータをまとめた研究を２０１１年に発表しているのだけれど、多く

の鳥類がK／Pg境界絶滅事件で姿を消していることがわかったんだ。

つまり、**鳥類もK／Pg境界絶滅事件で大打撃を受けていた**のですか？

そういうこと。これは、**実は哺乳類にもいえる**よね。

ですね。

レペノさんは、さっき自分たちのことを「真三錐歯類」といいましたね。これは、今はいないグループですよね。

そうです。現在の地球にいる哺乳類は、ホモ・サピエンスさんたちの「有胎盤類」、カンガルーやコアラなどの「有袋類」、カモノハシなどの「単孔類」の3つだけ。でも、恐竜時代には、僕たち真三錐歯類を含めて、もっとたくさんの哺乳類グループがいました。

そのほとんどが、K／Pg境界絶滅事件を乗り越えることができなかった。

そうです。なかには、K／Pg境界前に姿を消したグループもあったし、K／Pg境界を乗り越えたけど、すぐに滅びてしまったグループもありました。でも、全体としては、K／Pg境界で大打撃を受けたことはまちがいないです。

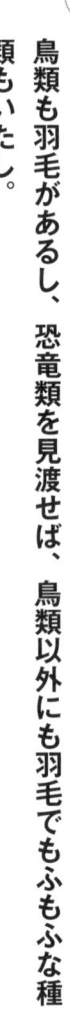

へぇー、哺乳類なら、みんなK／Pg境界を生き延びたと思ってました。だって、哺乳類のみなさんは、毛があるじゃないですか？　体毛が。「衝突の冬」で気候が寒くなっても、体毛が体温を逃さないから、生き延びることができたんじゃないんですか？

うーん。そこが難しいんですよ。**単純に「もふもふ」が生き残ったというのなら、鳥類も羽毛があるし、恐竜類を見渡せば、鳥類以外にも羽毛でもふもふな種類もいたし。**

たしかに！

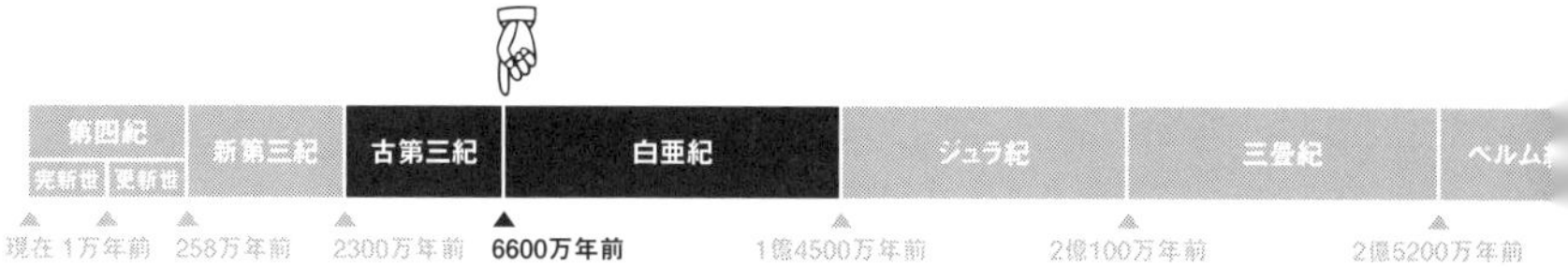

あれですかね。小さいものならば、生き残った。たとえば、レペノさんは、からだが大きかったから滅んだ。私たちも大きいから滅んだ。大きいと、ほら、いっぱい食料を食べないといけないから。

いや、僕はそもそもK／Pg境界よりもずっと前の哺乳類ですし、真三錐歯類にはからだの小さな種がいっぱい……というか、ばかりですよ。僕が例外的に大きいんです。

それに、鳥類も大小、いろんなサイズがいますよ〜。

あ、そうですね。すると絶滅にサイズは関係ない……かな。体毛や羽毛も関係ないかもしれない……。うーん。なぜ、私たちが滅んで、鳥類とか、有胎盤類とか、生き残ることができたのでしょうね？

うん。実は、それがまだよくわかってないんだ。こういう話もある。ワニ類の話なんだけど。

ワニ類。私たち恐竜類に近縁のグループですね。恐竜時代には、すでに水際で繁栄していました。

そうそう。あの頃の水辺は怖かったですね。

そのワニ類を含んでいて、より大きなグループに「ワニ形類」というグループがあって、中生代のこのグループには、水際で繁栄した種の他にも、内陸を歩き回っていた種や、海を泳ぎ回る種もいたんだ。

手広い！

そう。現在の地球だけをみていると、ワニ形類ではワニ類しか生き残っていないから、「ワニイコール水辺」のイメージがあるけれど……かつて、ワニ類とその親戚は陸海問わず、いろんな場所で暮らしていたんです。

ワニ類だけが生き残った、ということは、水辺で暮らしていたことが、「K／Pg境界

絶滅事件を生き残る条件」ということですか？

ところが、ワニ形類の歴史をみると、内陸を歩き回っていた種や、海を泳ぎ回る種の絶滅は、K／Pg境界絶滅事件と関係ないんだ。彼らは、K／Pg境界絶滅事件を乗り越えて、しばらくしてから姿を消した。

ほー。

へー。

……いや、ほんと、わからないですね。絶滅の条件というか、生存の条件というか……。

有力な仮説もないしね。こうした状況で、だけど、1つの仮説が出ているものもあるよ。それが、ニッポさん！

アタシ？

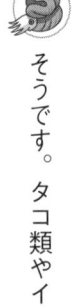

そう、ニッポさんのグループ。つまり、アンモナイト類の絶滅だ。

でも、アタシらアンモナイト類もK／Pg境界絶滅事件で絶滅しちゃってますよ。海では他にも、クビナガリュウ類さんたちも姿を消しているし。アタシらだけ、絶滅の条件を説明できるような、そんなこと、ないと思うんですけど？

そうでもないですよ。そもそもアンモナイト類は、頭足類の1グループですね。

そうです。タコ類やイカ類と同じ。

え？　そうなんですか？　見た目が全然ちが……いや、殻をのぞけば似てるか。

あ、そういう意味では、オウムガイ類が同じです。彼らとアタシたちは近縁です。

あ、それはわかります。オウムガイ類って、アンモナイト類とよく似ていますから。どちらも殻をもってますし。

そのオウムガイ類。K／Pg境界絶滅事件を乗り越えていますよね。

あー、たしかに。彼らも恐竜時代にはそれなりに繁栄していたはずなのに、生き延びてる。ズルイ！

近縁で生き残ると、そういう感覚になりますよね。

たしかに！

それで、生き延びたオウムガイ類と、滅んだアンモナイト類に何かちがいがあるんですか？　見た目はよく似ていますけれど。

ちがいがある、という説がある。横浜国立大学の和仁良二（わにりょうじ）さんたちが2011年に発表した研究だと、アンモナイト類の卵は小さくて、ぷかぷかと浮いていたみたい。もちろん、海の話だよ。でも、オウムガイ類の卵は大きくて、ぷかぷかと浮くことはなかったという。

つまり、**卵が浮くか、沈むかが運命の分かれ道……**。

そうかもしれないし、そうではないかもしれない。でも、これはニッポさんたちアンモナイト類の絶滅にせまる重要な手がかりになるかもしれない。

お、アタシら、絶滅の謎解きで一歩リードですか。

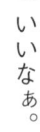

いいなぁ。

羨ましい。

まあ、まだ謎解きは、絶賛続行中。どきどきするね。これからのホモ・サピエンスさんたちが発表する仮説に。

はい。哺乳類やアンモナイト類も含めて、絶滅の実態がみえてくる日がいつかやってくるはず。さあ、ここで、レペノさんとニッポさんとはお別れの時間となってしまい

ました。

あれ？　もうそんな時間ですか？

話し足りない。もっといろいろと話したかったな。話題は豊富よ、アンモナイト。

ぜひ、またの機会に。CM後は、別のテーマに進まなきゃいけないんです。

この番組、まだ続くんですね。もう76ページも話してきているのに。

さすが、K／Pg……。

これでも、テーマは厳選しているんですが……。ともあれ、おふたりとも、ありがとうございました。また機会があれば、ぜひ、ご出演ください。

はい。ありがとうございました。ぜひ、中生代哺乳類もよろしくお願いします。

アンモナイトも忘れないでね！　じゃあ、バイバイ！

「運」が悪かった!?

古生物界随一の人気者、ティラノサウルスと、

アシスタントのトリケラトプスがお送りしている「Ｋ／Ｐｇ境界絶滅事件」です。ここからは、Ｋ／Ｐｇ境界絶滅事件に関して、近年に発表された研究を中心に注目していきたいと思います。

まずは、〝物語の細部〟だね。

細部、というと？

２０１０年の発表の話、覚えてる？

たくさんの研究者がチームを組んで、「絶滅の原因は隕石衝突で決まり！」と発表したやつですね。

そう、それ。まだ反論もあるけれど、それでも、これで研究の〝流れ〟が変わった。2010年代の半ばから、隕石衝突があったことを前提として、より細かなこと、たとえば「何が起きていたのか」が注目されるようになってきたんだ。

何が……。でも、隕石が落ちたあたりの地球表層が粉々になって、その粒が世界中で空気中に漂って日光を遮り、それで寒冷化して……ってことじゃないんですか？

大筋ではそう。でも、寒冷化だけじゃ説明できないことも多い。寒くなって、なんでそれでアンモナイト類が滅んだのか、とか。**物語はもっと複雑なはずなんだ。**

なるほど。その複雑なところを解き明かそう、というわけですね。

そう。たとえば、2014年には千葉工業大学の大野宗祐（おおのそうすけ）さんたちが、隕石衝突の再現実験をやってる。

再現実験？

もちろん、本物とは規模がちがうけど。**隕石が落ちた場所には、硫黄を含む岩石がたくさんあったんだ。**これは、それまでの調査からわかっていた。「じゃあ、そんな場所に隕石が落ちたら何が起きる？」ということを大学の研究所で実験してみたわけだ。

へぇ。何が起きたんです？

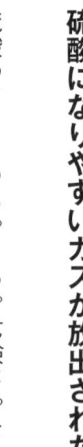

硫酸になりやすいガスが放出された。

硫酸って……めちゃくちゃ危険じゃないですか。

そのガスが大気中に放出されると、酸性雨がつくられるんだ。大野さんたちの研究で

は、**K／Pg境界のそのとき、世界中に酸性雨が降った**としているよ。

酸性雨って、植物をどんどん枯らしていきますよね。私たちにとっては、寒冷化をしていなくても大ダメージ……。

そして、酸性雨によって、海も酸性になっていく。海が酸性になると、プランクトンが溶けてしまう。ある種のプランクトンの殻には、酸に弱いものもあるから。

プランクトンって、海の生態系を支える重要な存在じゃないですか。

そう。それが激減した可能性がある。すると、海の動物たちにも影響が出る。プランクトンを食べる動物が減って、そんな動物を食べる、より大きな動物も減って……。

陸では酸性雨で植物が枯れ、海では酸性雨で酸性化が起きてプランクトンが減り……ともに生態系が根元から壊されていった、という感じですね。こわっ。

ニッポさんたちアンモナイト類の殻も酸に弱いし。酸性雨がたくさん降ると、生態系のダメージが大きい。この酸性雨の仮説は、2020年には証拠もみつかったんだ。デンマークでね。

デンマークって、北欧の？　隕石が衝突した場所からは、ずいぶん離れていますね。

そう、その北欧のデンマーク。筑波（つくば）大学の丸岡照幸（まるおかてるゆき）さんたちが、デンマークの海岸沿いにあるK／Pg境界の岩石をとても細かく分析したところ、銀や銅といった元素が高濃度で含まれていることがわかったんだ。

銀や銅の元素？　なんで、そんなところに？

そう、「なんで、そんなところに」がポイント。これ、〝酸に溶けやすい〟んだよね。

……ということは？

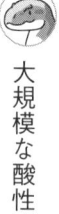

大規模な酸性雨が降って、大陸の銀や銅が溶かされて、海底にたまり、その後長い年月をかけて、その地層が隆起して、今の海岸になったと考えることができるんだ。つまり、高濃度の銀や銅は、クレーターから遠く離れたデンマークでも、大規模な酸性雨があったという証拠になるんだって。

なるほど。では、酸性雨がいろいろと悪さを……。

いや、他の仮説もあるよ。たとえば、東北大学の海保邦夫さんたちが2016年に発表した研究では、**衝突場所の岩石に「すす」をつくる有機物が多いことが指摘された**んだ。

すす？　あの黒い……細かい……あのすすですか？

そう。そのすす。隕石衝突によって、大量のすすがつくられたんじゃないか、というのが海保さんたちの研究だ。

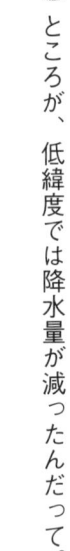

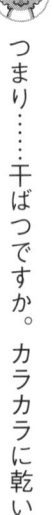

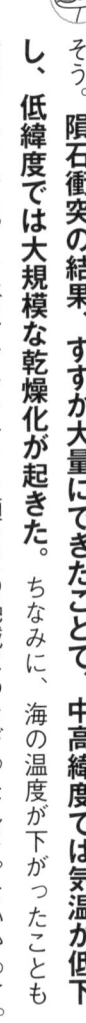

すすができれば、太陽光が遮られますものね。それで全地球的に気温の低下があったと……。

いや、これが「全地球」ではないんだよ。海保さんたちがコンピューターを使って分析したところ、低緯度地域では気温はあまり下がらなかったみたい。

え？　じゃあ、低緯度の恐竜は生き残れたんじゃ……。

ところが、低緯度では降水量が減ったんだって。

つまり……干ばつですか。カラカラに乾いてしまった。

そう。**隕石衝突の結果、すすが大量にできたことで、中高緯度では気温が低下し、低緯度では大規模な乾燥化が起きた。**ちなみに、海の温度が下がったことも指摘されている。これが、アンモナイト類などの絶滅につながったんじゃないかって。

へぇー。すすも怖いですね。

で、この絶滅が、「**運が悪かったこと**」が原因だという見方も出てきた。

運？　ラッキーとか、アンラッキーとか。その「運」ですか？

そう。その運。つまり、アンラッキーだったということ。

え？　どういうことですか？

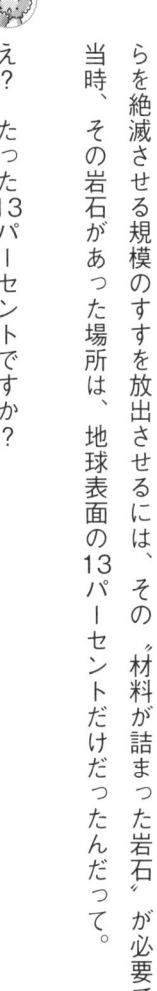

海保さんと、気象庁気象研究所の大島長(おおしまなが)さんが2017年に発表した研究によると、僕らを絶滅させる規模のすすを放出させるには、その〝材料が詰まった岩石〟が必要で、当時、その岩石があった場所は、地球表面の13パーセントだけだったんだって。

え？　たった13パーセントですか？

そう。大陸の海岸地域を中心に13パーセント。残りの87パーセントの場所に隕石が落ちれば、すすが発生しても、大量絶滅を引き起こすだけの量はできなかったというんだよ。

うわー。**落ちどころが悪かった……**。

さらに、2020年にはインペリアル・カレッジ・ロンドンのG・S・コリンズさんたちが、**角度も絶妙だった**と発表している。

角度ですか？　隕石の？

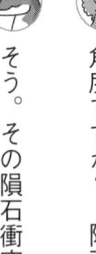

そう。その隕石衝突の角度。コリンズさんたちの研究によると、衝突時の角度は地表面に対して30度〜60度くらいだったんだって。もう少し浅い角度、あるいは、もう少し深い角度で衝突していれば、衝突の被害はもっと少なかったというんだよ。

うへぇ。なんですか。そのアンラッキー。

いやあ、困っちゃうよね。誰の日頃の行いが悪かったのかわからないけど。

いや、日頃の行いは関係ないでしょう。

こんな風に、**近年は、隕石衝突があったとして、それがどのように絶滅に関わっていたのか、より細かいところに焦点が当たっている**んだ。つまり、〝物語の細部〟だ。

なるほど。いや、これも今後が楽しみですね。この「前進してる！」って感じもたまらないです。さて、いよいよ最後のコーナー。「絶滅からの復活」にせまります。最後までおつきあいくださいね。

絶滅からの復活

古生物界随一の人気者、ティラノサウルスと、

アシスタントのトリケラトプスがお送りしている「K／Pg境界絶滅事件」です。ここからは、K／Pg境界絶滅事件から、いかに生命が〝復活〟してきたのか。いよいよ、最後のコーナーです。

もう少しですから、番組の最後までこのままおつきあいください。

さて、「絶滅からの復活」です。K／Pg境界絶滅事件があって、生命はぐっと数を減らして、でも、そこから復活したから、今のホモ・サピエンスさんたちの世界があるわけですよね。

そうだね。ざっくりといえば、僕ら恐竜類が支配していた各地の生態系で、僕らがいなくなったそのチャンスを哺乳類は見逃さなかった。レペノさんたちのグループは滅びちゃったけれど、とくに有胎盤類、有袋類のグループがいち早くいっきに多様化し、各地の生態系を支配するようになったんだ。

そうした〝復活〟も、より詳しくわかってきたということですか？

そう。「〝物語の細部〟がわかる」は、事件そのものじゃなく、その後についても進んでいるんだ。たとえば、地域差。

地域差？　場所によってちがいが出たということですか？

たとえば、ペンシルヴェニア州立大学のミカエル・Ｐ・ドノヴァンさんたちが、昆虫類に注目した研究を２０１６年に発表している。

昆虫類？　昆虫類もＫ／Ｐｇ境界絶滅事件で打撃を受けたんですか？

受けた。でも、まあ、僕らみたいに、大きなグループがごっそり滅びちゃうということはなかったけど。ドノヴァンさんたちが注目したのは、昆虫類の餌なんだ。

餌？

昆虫類がかじった葉っぱの化石だよ。昆虫類が減れば、そうした化石は減る。実際、Ｋ

／Pg境界では、昆虫類にかじられた痕のある葉っぱの化石は減るんだって。

へぇー。面白いですね。

ドノヴァンさんたちは、北アメリカ大陸の西部と、アルゼンチンのパタゴニア……南アメリカ大陸の南部だね……そのパタゴニアの葉っぱの化石を調べたんだ。

北アメリカ大陸の西部とパタゴニア。つまり、隕石が衝突した場所から、「あまり離れていない場所」と「遠く離れた場所」の比較ですね。

そう。すると、北アメリカ大陸の西部では、K／Pg境界絶滅事件で減った〝かじられた痕のある葉っぱの化石〟の数が、K／Pg境界の前の数に戻るまでに、900万年間かかっていた。

900万年……結構、長いですよね。

一方、パタゴニアでは、４００万年で回復していたんだ。

おー、結構ちがう。それでも４００万年かかってますが、北アメリカ大陸より倍以上もパタゴニアが速いじゃないですか。

そうだね。つまり、**絶滅の影響は地域差が結構大きくて、復活に必要だった時間もかなりちがうことがわかってきた、**といわれているんだ。

じゃあ、衝突場所ではどうだったんですか？　隕石が落ちた、まさにその場所では、生態系の回復にどのくらい時間がかかったのでしょう？

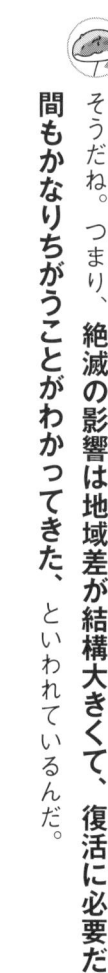

その答えには、ちょうど良い研究がある。２０１８年にテキサス大学オースティン校のクリストファー・M・ローウェリさんたちが、隕石の衝突した場所……つまり、「グラウンド・ゼロ」の地層を調べてるんだ。

グラウンド・ゼロ！

ただし、その場所は海の底だけどね。ボーリングっていって……いや、ホモ・サピエンスさんたちのスポーツじゃなくて、……あらかじめいっておくけど……。

いや、わかってますって。

そう？　まあ、ボーリングという、金属でできた円筒を地層に刺して、地層を筒の中に採っちゃうやつがあるんだけど、それを使ったみたい。そして、K／Pg境界から20万年の間にできた地層を調べたんだ。

さっきの400万年、900万年といった数字とくらべると、ずいぶんピンポイントですね。

そうだね。基本的に陸の地層よりも海の地層の方が、細かい歴史をたどることができるからね。で、その20万年の間に、微生物の化石がどのように変化したのかを調べたわけ。

微生物の化石ですか？

他にも元素などを調べたみたい。その結果、K／Pg境界からわずか数年で生き物たちがグラウンド・ゼロの海に戻り始め、3万年後には生態系が事実上回復していたことがわかったんだ。

3万年！　速いっ！

そう。まあ、さっきも少し触れたけれど、海と陸のちがいがあるし、対象とした化石もまったくちがうから、パタゴニアの例と簡単に比較はできないよ。でも、少なくとも海の生態系は、3万年で復活していたらしいことがみえてきたわけ。

へぇ、面白いですね。

……でしょ。世界中の陸や海で、何が、どのように、どのくらいの時間で復活したのか。いわば、その復活まで含めて「K／Pg境界絶滅事件」だと、僕は思う。世界中の研究者が、さまざまな方法でその分析に挑んでいるから、これからの研究成果にも期待したいところ。

話題性が高いこともK／Pg境界絶滅事件の良いところですよね。報道も多いし。

うん。ぜひ、多くのホモ・サピエンスさんたちに、僕らを滅ぼしたこの事件を詳しく知ってもらいたいよね。

まさしくその通りです。さて、93ページにわたってお送りしてきましたK／Pg境界絶滅事件もそろそろ終了です。

いやー、長かった。大丈夫？　この本って全部で368ページなんでしょ。僕らで、4分の1も使っちゃった。

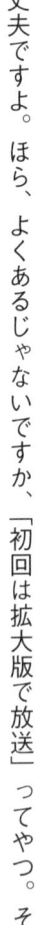

大丈夫ですよ。ほら、よくあるじゃないですか、「初回は拡大版で放送」ってやつ。それです。

それでいいの？

いいんです。さて、次はぐぐっと時代を遡りまして、およそ4億4400万年前に起きた〝最初の大量絶滅事件〟にせまります。司会は、エーギロさんとアサフスさん。

お、エーギロさんが来てるんだ。あとでサインをもらおうかな。

古生物界随一の人気者が何をいってるんですか。

それとこれは別。

ま、いいですけどね。あ、そろそろ終わりにしないと。じゃあ、ホモ・サピエンスのみなさん！　まだ5つの事件が残っていますから、引き続き、ご注目ください。

司会は僕、古生物界随一の人気者のティラノサウルスと、

私、アシスタントのトリケラトプスでお送りしました。

じゃあねぇー。バイバイ！

第2章
“最初”の大絶滅

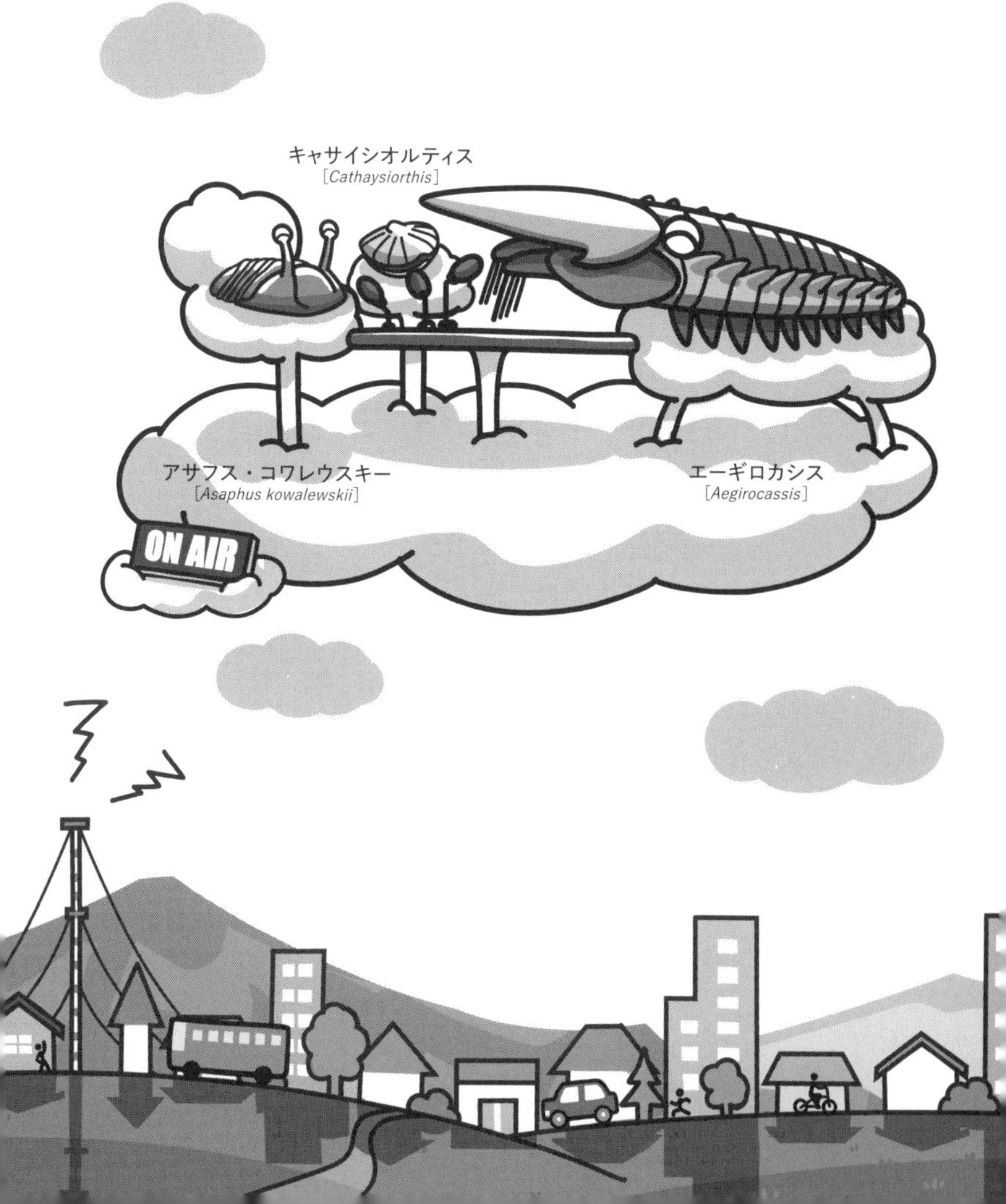
キャサイシオルティス
[Cathaysiorthis]
アサフス・コワレウスキー
[Asaphus kowalewskii]
エーギロカシス
[Aegirocassis]
ON AIR

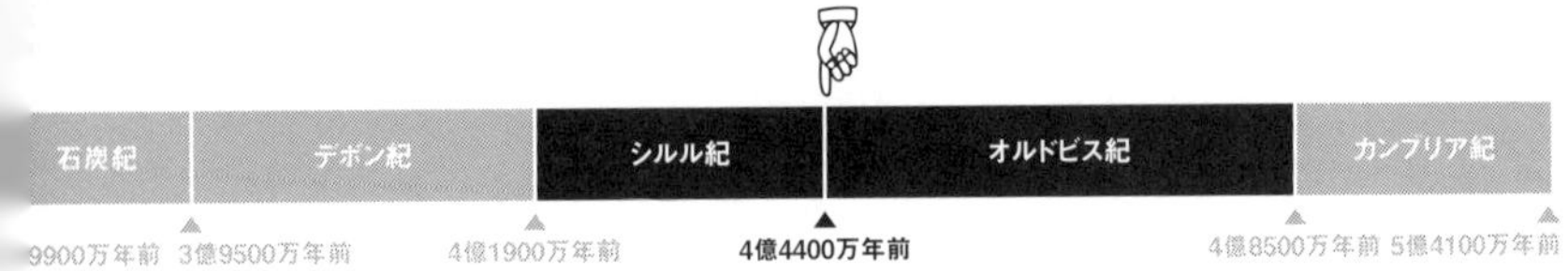

こんにちは。天上界から「O/S（オーエス）境界絶滅事件」の時間です。司会のエーギロカシスです。

はーい。みなさん、こんにちは。お昼はちゃんと食べました？　眠くなっていないです？　アシスタントのアサフスですよー。

世にいう「5大絶滅事件」に「哺乳類の大絶滅事件」を加えた〝5大絶滅事件プラス1〟について、各事件の担当者がお話ししていく1日。ここからは、「アノマロカリス事務所」の私と、

「三葉虫事務所」のアタシがお伝えしていきまーす。お昼寝の時間の方もいらっしゃると思いますが、40ページ、どうか最後までおつきあいください。

「O／S」こそが、最初

いや、長かったですね。「K／Pg（ケー・ピージー）境界絶滅事件」のお話。いろいろと勉強になりましたが、とにかく長かった。

ティラノさんたちだけで、1冊分しゃべっちゃうんじゃないかと心配しちゃいました。

「さすが、恐竜事務所」「さすが、K／Pg境界絶滅事件」といったところですかね。

アタシたちも、がんばっていきましょう。

そうですね。じゃあ、まず、自己紹介をしましょう。私、エーギロカシスは、全長2メートルほどの海の動物です。細長いからだで、頭部が全体の約半分を占めています。その頭部の表面は、他とくらべるとちょっとカタイ。からだの脇には、ひれが上下2段で並んでいます。頭部の底に小さな〝触手〟が2本。それ以外には、手もあしもあ

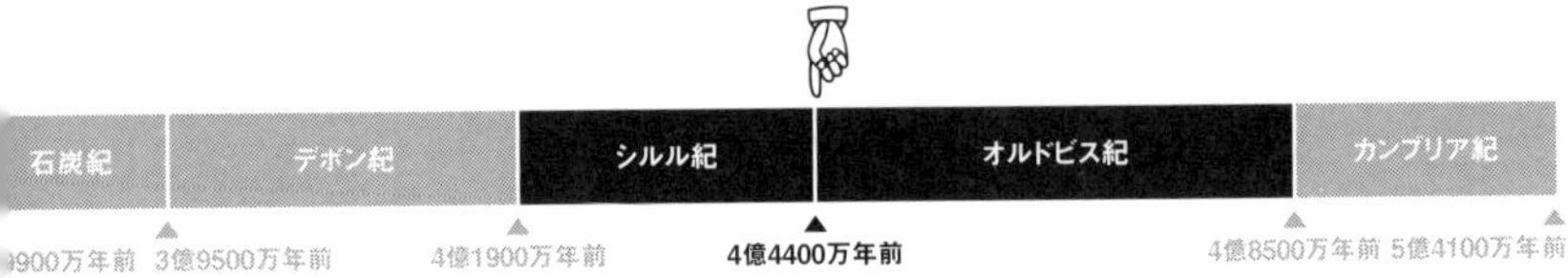

りません。所属事務所名からお察しの方もいるかもしれません。「生命史上最初の覇者」「カンブリア紀の英雄(ヒーロー)」で知られるアノマロカリスさんの〝後輩〟で、事務所イチの大型種です。

アタシ、アサフスは、全長10センチメートルほどの三葉虫類です。「アサフス」って名前をもっている仲間はたくさんいるので、できれば、この機会にフルネームで覚えてくださーい。「アサフス・コワレウスキー」です。それが私のフルネーム。ややのっぺりしたからだつきですが、眼(め)の部分が飛び出ているところがチャームポイントでーす。細い柄が頭から突き出て、その先に小さな眼があります。ホモ・サピエンスさんたちの世界でいえば、カタツムリのような眼をしていますが、カタツムリの眼とちがって、自由自在に曲げることや、伸び縮みさせることはできないんです。

こんな私たちが担当する「O／S境界絶滅事件」は、オルドビス紀とシルル紀という2つの時代の境界となった絶滅事件です。K／Pg境界絶滅事件と同じように、この事件名は時代名にちなんでいて、英語の「Ordovician(オルドヴィシアン)」の「O」と、「Silurian(シルリアン)」の「S」からきています。

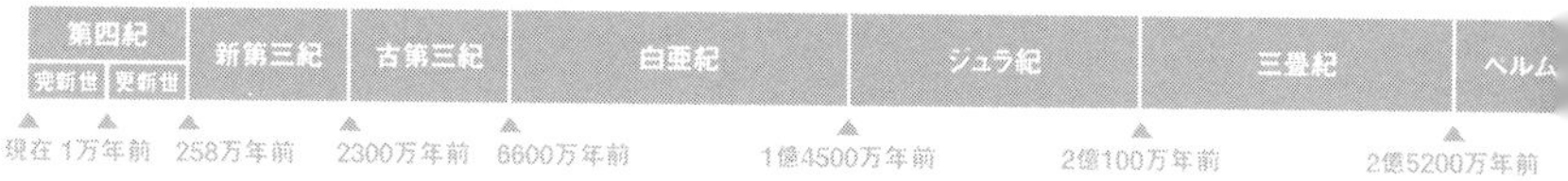

K／Pg境界絶滅事件よりもずーっと昔です。ずーっと、ずーっと。

K／Pg境界絶滅事件があったのは、今からおよそ6600万年前。一方、O／S境界絶滅事件があったのは、今からおよそ4億4400万年前。7倍近く古いのです。

知名度があるから、「最初の番組」は、K／Pg境界絶滅事件に譲りましたが、本来は、O／S境界絶滅事件こそが〝最初の大量絶滅事件〟なんですよね〜。

まあ、しかたないですよね。そもそも、化石がたくさん地層に残り、ホモ・サピエンスさんが、その化石から生命の歴史を本格的にたどることができる時代をまとめて「顕生累代」と呼びます。顕生累代は、古い方から「古生代」「中生代」「新生代」にわかれています。

K／Pg境界絶滅事件があったのは、中生代と新生代の境目ですね。

一方、O／S境界絶滅事件は古生代の事件です。古生代には、合計6つの「紀」があ

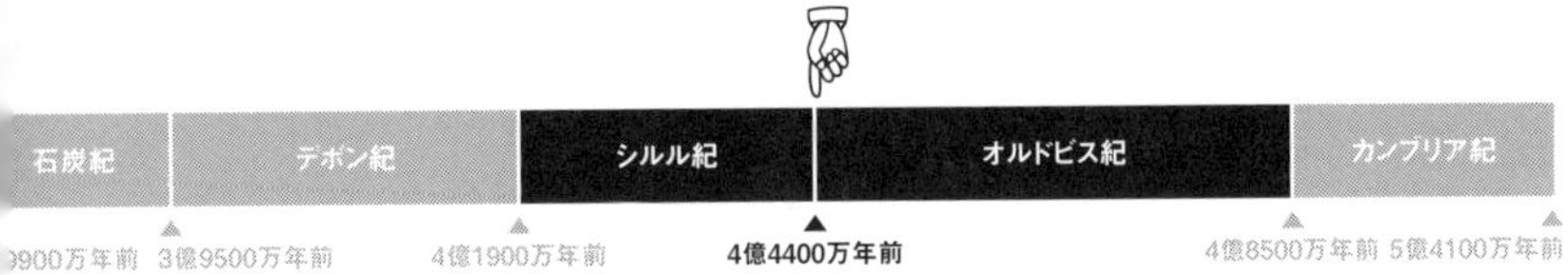

ります。オルドビス紀は古い方から数えて2つ目、シルル紀は3つ目の時代になります。ちなみに、1つ目が、おそらく古生代で最も知名度の高い「カンブリア紀」です。

エーギロカシスさんの事務所のメンバーの黄金時代ですねー。

そうですね。私たちアノマロカリスの仲間は、とくにカンブリア紀で栄えました。当時は、たくさんの仲間がいたんです。でも、オルドビス紀には今のところ、ほとんど仲間の化石がみつかっていなくて、しっかりと名前がついているのは、私だけですね。

一方、アタシたち三葉虫類は、オルドビス紀も黄金時代が続いていまーす。

さすがですね。そう。三葉虫のみなさんは、カンブリア紀に登場し、いきなり栄え、その繁栄をオルドビス紀にまでつなげることに成功しましたね。

えへへ。先輩たちががんばってくれました。

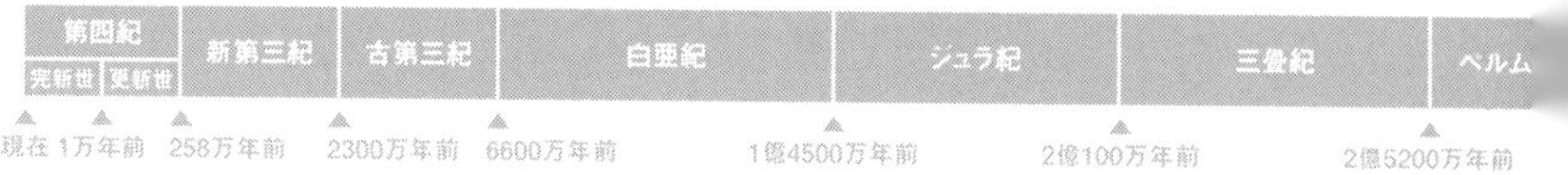

カンブリア紀の三葉虫類(みなさん)とくらべると、オルドビス紀の三葉虫類(みなさん)は、なんだかとっても華やかですよね。

いやー、それほどでも……あるかも！

それほどでも、あるんですね（笑）。

カンブリア紀の先輩は平たくてスマートな方が多いのですが、アタシたちオルドビス紀のメンバーは、姿がおしゃれなんですヨ。アタシは眼が飛び出ているだけですが、同じ時代には全長70センチメートルの大型種や、戦闘機みたいな姿をしていて、海を泳ぎ回る種(なかま)もいたんです。

私のような〝アノマロカリスのグループ〟がギリギリの命脈を保っている一方で、三葉虫類は大いに花咲かせていた。オルドビス紀はそんな時代ですね。オルドビス紀は、およそ4100万年間ありました。4100万年をかけてゆっくりと、でも、確実に海の動物たちが種類を増やしていきました。

当時、陸にはほとんど動物がいませんでしたもん。まだ、森林や草原もないんです。今のホモ・サピエンスさんたちの感覚でいえば、陸は「荒野」です。

その意味では、海も「種類が増えた」っていっても、今とは全然ちがいますね。最大のちがいは、「魚」がほとんどいなかった。

そう！　でも、「いなかった」わけじゃないですよ。

そうですね。正確にいえば、「いた」のですが、まだ彼らには「アゴ」がなかった。

おかげであまり怖くなかったです（苦笑）。「アゴがない」ということは、硬いものを食べることができない、ということなので。ほら、アタシたちって、とっても硬いから。

羨ましい硬さですね、そんな世界に大打撃を与えたのが、O／S境界絶滅事件だったわけです。

結局、どのくらいの規模だったのでしょう？　アタシたちにとって、すみやすい世界を壊してくれちゃった事件は。

ティラノさんたちも紹介していたハワイ大学のスティーヴン・M・スタンレーさんの研究をみると、72パーセントぐらいの絶滅率と見積もられていますね。

おー、結構、ヤラレちゃいました……あれ、ひょっとして、K／Pg境界絶滅事件よりも大規模です？

そうですね。スタンレーさんの計算でいえば、こちらが5パーセントぐらい多いです。

なーんだ。アタシたちの方が規模が大きいじゃん。時期は一番初めだし。もっと、知名度が高くてもいいなぁ。知名度欲しいなぁ。

そのためにも、今日はがんばりましょう。

はーい。じゃあ、まずは、「どんな絶滅だったのか」に注目していきまーす。

絶滅は、2ステップ?

アノマロカリス事務所イチの巨体、エーギロカシスと、

にょきっと伸びた眼がチャームポイントのアサフス・コワレウスキーがお送りしている「O／S境界絶滅事件」でーす。まずは、この事件がざくっとどういうものだったのか、ということに注目したいと思いまーす。

何しろ、K／Pg境界絶滅事件より規模は大きくても、知名度は低いですからね。そして、謎も多いのです。

謎?

そう、謎だらけ。たとえば、K／Pg境界絶滅事件には、隕石(いんせき)衝突説があって、それを支えるイリジウムやクレーターといった有力な証拠がありましたね。

あった！　ありましたね。

O／S境界絶滅事件には、そういった有力な証拠も、有力な仮説もないんです。

……ええと、そういっちゃうと、この番組、もう終わりになっちゃいません？

大丈夫です。ネタはちゃんと用意してありますから。いくつかわかっていることがあります。まず、当時、どうやら地球はとても寒かったということですね。

あー、たしかに。巨大な氷河があったみたい。アタシ自身は目撃していませんが、天上界にやってきた〝後輩〟から、そんな話を聞いたことがあるような気がします……たぶん。

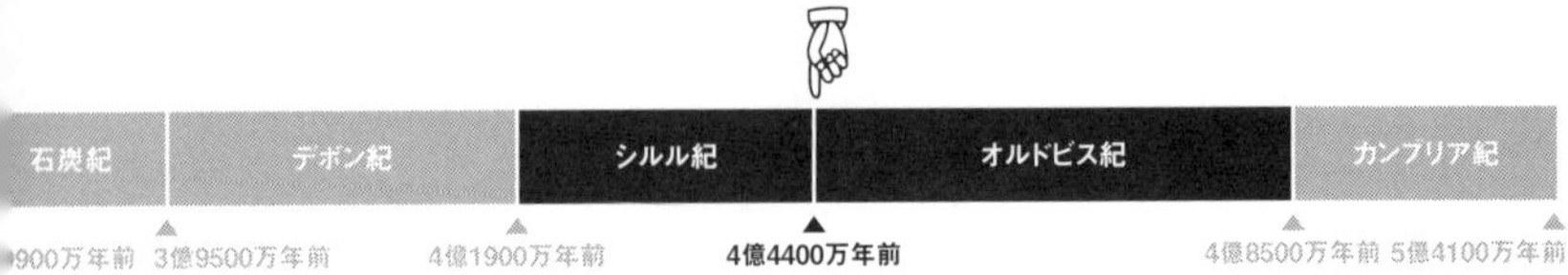

そして、絶滅は２回ありました。

２回？

そうです。正確には、「２回あったといわれている」ですかね。１回目の絶滅があって、少し時間が経（た）ってから、２回目が発生。その結果として、多くの動物が姿を消したということです。

少し時間が……って、「少し」ってどれくらい？

１００万年〜２０００万年くらい。

全然、少しじゃないような気がしちゃうんですが……。

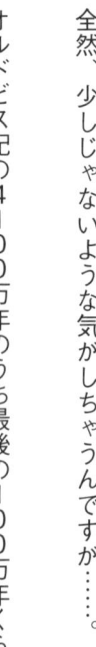

オルドビス紀の４１００万年のうち最後の１００万年くらいですから、少しですよ。まあ、でも、大事なのはやはり「２回あった」ということですね。

さっき、「とても寒かった」っていいましたよね。

いいました。

すると、まず少し冷え込んで絶滅して、次にもっと冷え込んで絶滅して、という2段階です？　寒さに弱い種がまず滅んで、なんとかそれを生き抜いても、2回目で追い込まれちゃったという……。

ところがちがうんですよ。2回目のときは、もう寒さが緩んでいたらしいんです。

えー？　わけわかんない。せっかく寒さが緩んだのに、絶滅しちゃうんです？

この場合、寒さに適応した種だけになったところで、今度は暖かくなっちゃえば、寒さに適応した種は滅ぶかもですね。まあ、実際のところは、ホモ・サピエンスのみなさんも、この2回の絶滅をどのように説明するか、悩んでいるみたいですね。

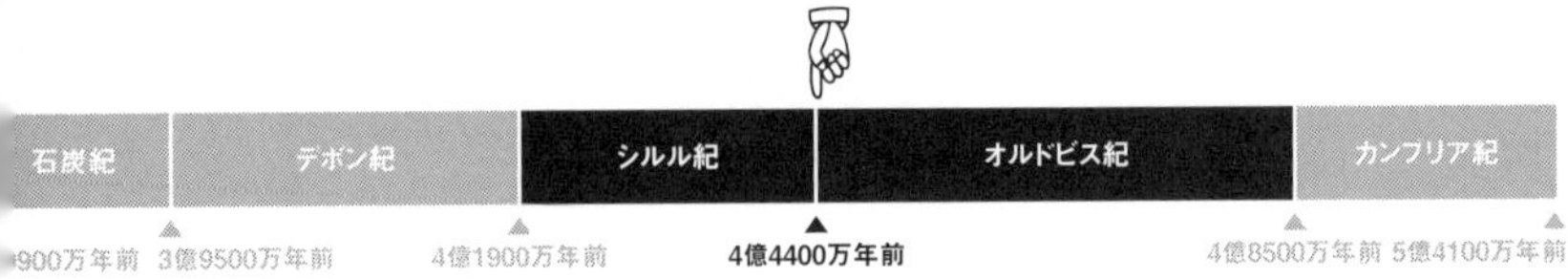

まあ、ともかく「2回あった」ということを覚えておけば良いです？

「**2回あったという説が有力**」と覚えておきましょう。

え？　どういうことです？

「本当に2回あったの？」という指摘もあるんですよ。

え？　え？　どういうことです？

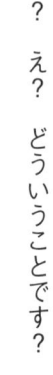

南京地質学・古生物学研究所のグアンスー・ワンさんたちが、中国南部とスウェーデンからみつかったオルドビス紀末期の化石のデータを2019年にまとめてみたそうです。すると、1回目にはたしかに大きな絶滅があったけれども、2回目の絶滅は「大量絶滅」といえるほどのものじゃないかもしれない、という結果が出たらしいのです。

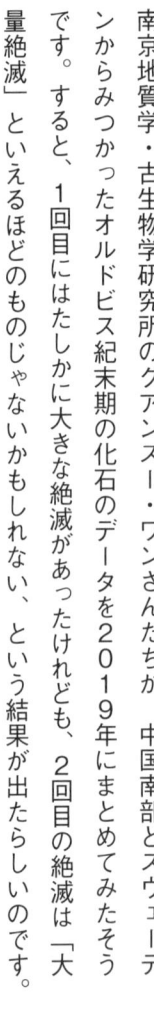

わー、たいへん。

もちろん、ワンさんたちの研究だけで、「2回じゃなくて1回だった」と言い切ることはできないのですが、「回数」という基本的なことにもこうした異論があるということで、O／S境界絶滅事件は謎が深いといえますね。

うーん。どうもすっきりこない〜。少し早いですけど、ここで休憩を挟みませんか？　とりあえず、頭を切り替えたいです。休憩、休憩！

じゃあ、一息つきましょう。

何が滅んだの？

アノマロカリスの仲間、エーギロカシスと、

仲間の数は1万種超、三葉虫類のアサフスがお送りしている、

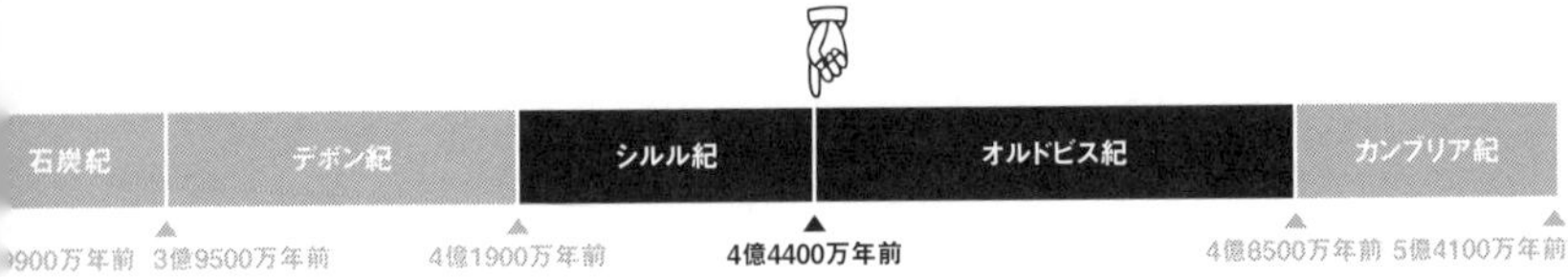

「O／S境界絶滅事件」です。

なんだかすでに「複雑さ」がみえてきちゃいましたが、ここからは、具体的に、O／S境界絶滅事件の影響をみていきたいと思います。

まず、何が滅んだのか、ですね。最初にいっておくと、「グループまるごと滅んだ」という動物はほとんどないです。

どういうことです？

たとえば、ロシア科学アカデミーのM・S・バラッシュさんが発表した2014年のまとめによると、オルドビス紀末期にかけて、「筆石類」「コノドント類」「三葉虫類」「腕足動物」「棘皮（きょくひ）動物」などが大きく種類を減らしていたみたいです。

ちょ、ちょ、ちょ待ち、エーギロっち！

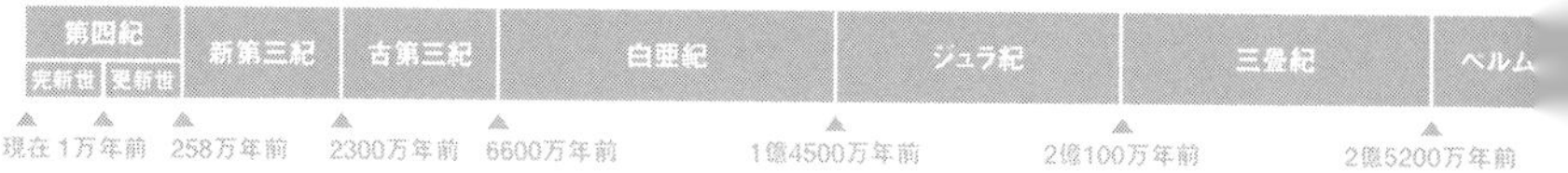

……エーギロっち？

エーギロっち！　いきなり難しい単語だらけで混乱しちゃいますっ。「三葉虫類」以外は、聞き慣れない言葉なんですけど？

今は、聞き流していて良いですよ。

良いの？

ええ。とりあえず、「**複数の動物グループで種類が減った**」と覚えていていただければ、ＯＫですよ。

そんなざっくりで？

いくつかは、すぐに解説しますから。

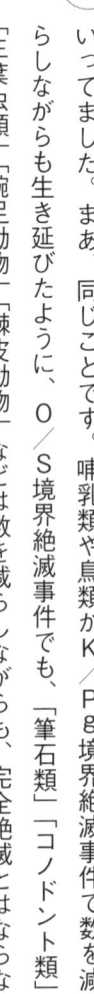

じゃあ、**「『グループまるごと滅んだ』という動物はほとんどない」**って、どういうことです？

その言葉通りです。さっき挙げたグループは、いずれもO／S境界絶滅事件で数を減らしていますが、グループそのものが絶滅してはいないのです。「大量絶滅事件」といっても、必ずしもグループ全体が姿を消す、というわけじゃないんですよ。

あ、そうか。なんか誤解しちゃってた。

K／Pg境界絶滅事件のときも、恐竜類の鳥類が生き残りましたよ。

さっき、ティラノさんたちがそんなことをいってたよーな……？

いってました。まあ、同じことです。哺乳類や鳥類がK／Pg境界絶滅事件で数を減らしながらも生き延びたように、O／S境界絶滅事件でも、「筆石類」「コノドント類」「三葉虫類」「腕足動物」「棘皮動物」などは数を減らしながらも、完全絶滅とはならな

かったのです。

たしかに！　そうですね。よーく考えると、アタシたち三葉虫類の黄金時代は、O／S境界絶滅事件で終わりますけど、三葉虫類自体はその後、2億年近くも子孫を残し続けますし。

あなたたちのグループは本当に〝長命〟ですね。でも、ちょうど良い。三葉虫類に何が起きていたのか、具体的にみていきましょうか。

えー、なんだか恥ずかしいな（照）。

……具体的にみていきます。いろいろな資料がありますけれど、早稲田大学の平野弘道さんが2006年に刊行した『絶滅古生物学』という本を参考にしますね。**まず、滅んだのは、暖かい海に暮らしていた三葉虫**たちですね。

まあ、寒くなりましたからね。暖かい海域のコたちにはツライです。

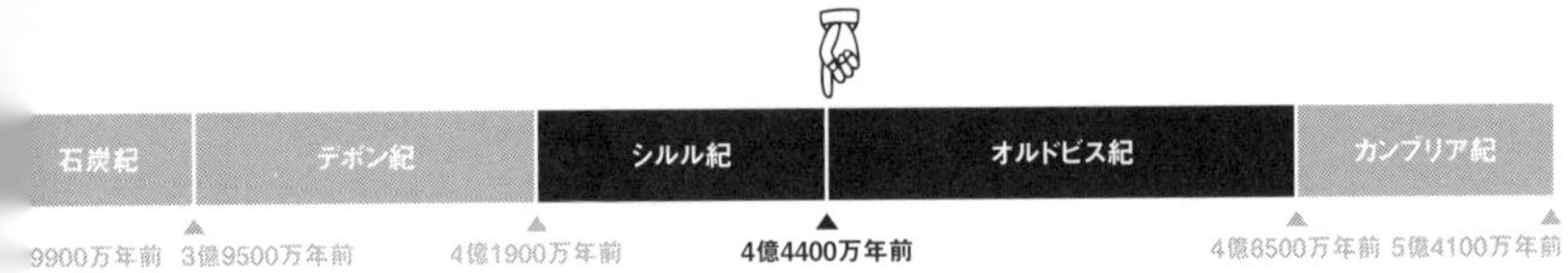

あなたの近縁種もこのときに滅んでいますよ。

あー、そうでした。アタシの仲間たちも、寒さに弱かったんだ。

……そして、**海を泳ぎ回って生活をしていた三葉虫も姿を消しました。**

アタシや、アタシの近縁種は海底を歩き回る生活でしたが、たしかに、自由自在に泳ぎ回っていたコもいました。そうですか。あのコたちもこの時期に……。

より正確にいうと、**遠くまで泳ぐことができた三葉虫たちが姿を消した**みたいです。

どこまでも泳げるなんて羨ましい……って、当時は思っていたのですが、そうですか……。なんか複雑な気分。

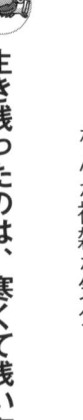

生き残ったのは、寒くて浅い海の底で暮らしていたものみたいですね。

寒くて浅い海の底にいた……。キラーン！　私、ひらめいちゃいました。ここに、O／S境界絶滅事件の謎を解く大きなヒントがある気がするっ！

そう思うでしょう？

よくわかんないけど、「寒くて浅い」の逆、つまり、暖かくて深い海の底で発生しそうな異変を考えてみれば、良いんじゃないです？　きっと〝生き残りの逆〟に絶滅の原因が……。

もちろん、現代のホモ・サピエンスさんたちも、そこに注目しています。でも、話はそう単純ではありません。ちょっと、関係者に話を聞いてみましょう。実は、ゲストに電話がつながっています。

もしもーし。キャサイシオルティスさん、聞こえてますかぁ？

もしもし。腕足動物のキャサイシオルティスです。よろしくお願いします。

今日は、よろしくお願いします、キャサイシオルティスさん。ご自身でもいわれましたが、キャサイシオルティスさんは腕足動物でいらっしゃる。

そうです。腕足動物ですね。

今、キャサイシオ……ごめんなさい、呼びにくいので、「キャシー」と呼ばせてください。

キャシー？

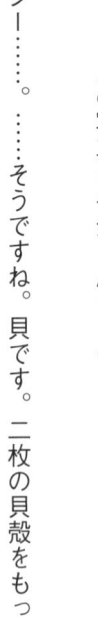

キャシーさんの写真が手元に届いたのですが……なんというか、「貝」ですね。

キャシー……。……そうですね。貝です。二枚の貝殻をもっています。

でも、いわゆる「二枚貝類」ではないんですよね？

そうですね。二枚貝類さんは、まず、見た目が左右対称じゃないですよね？

あれ？　そうでしたっけ？

そうです。今度、ホモ・サピエンスさんの「みそ汁」でものぞいてみると良いですよ。蛤仔（あさり）とか蜆（しじみ）とか使われていますけど。彼らの貝殻を一枚手に取ると、左右が非対称ということがわかると思います。でも、二枚の殻を並べると、対象になっている。一方、僕らの殻は、一枚で左右対称なんです。

なるほど。今度、チェックですね。

それに中身が全然ちがいます。二枚貝類さんは、殻の中にもいろいろと身が詰まっていますが、僕ら腕足動物の貝殻の中身は、小さな触手が並んでいるだけですから。

……食べてもおいしくなさそうですね。。。。

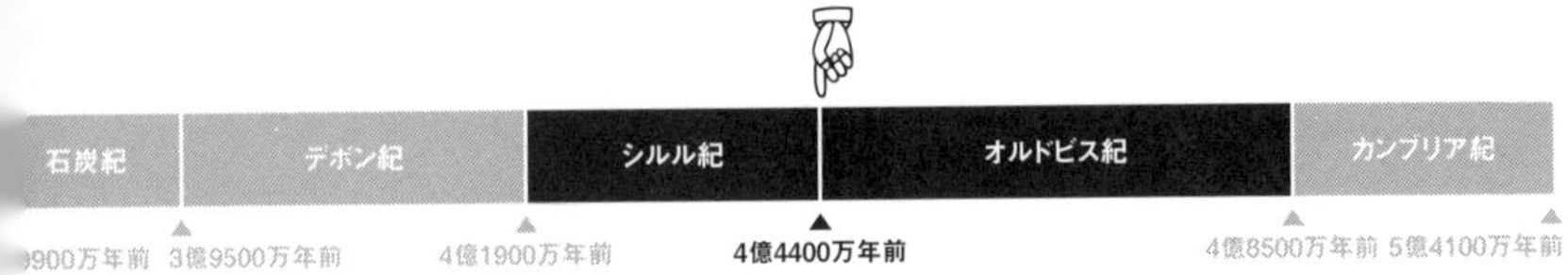

……まあ、そうかもしれませんね。出汁は取れるかもですが。

そんなキャサイシオ……キャシーさんたち腕足動物も、O／S境界絶滅事件で大きな影響を受けたグループらしいですね。

そうですね。昔からいろいろなデータが発表されていましたが、今日は2020年に、中国科学院南京地質古生物研究所のロン・ジアユさんたちが発表した研究をご紹介したいと思います。

2020年発表？　最近ですね。

ええ。ジアユさんたちは、膨大な量の腕足動物のデータを調べて、オルドビス紀末期に何が起きたのかを分析しました。その結果、**地球の寒冷化が進んでいた頃……いわゆる「1回目の絶滅」があった頃、ある特定の腕足動物がいっきに世界中の海で繁栄していた**ことがわかりました。

つまり、寒さに強い種類が栄えていたということですね。

そうですね。しかし**寒さが緩むと同時に、彼らはいっきに数を減らし、暖かい海を好む種がいっきに数を増やした**ということがみえてきました。

ちなみに、キャシーさんはどっちのグループに？

僕は暖かい方ですね。

さっすが！

ありがとうございます？

すると、O／S境界絶滅事件で腕足動物さんたちが直面したのは、「絶滅」というよりは、種類の大きな入れ替わりだったと……。

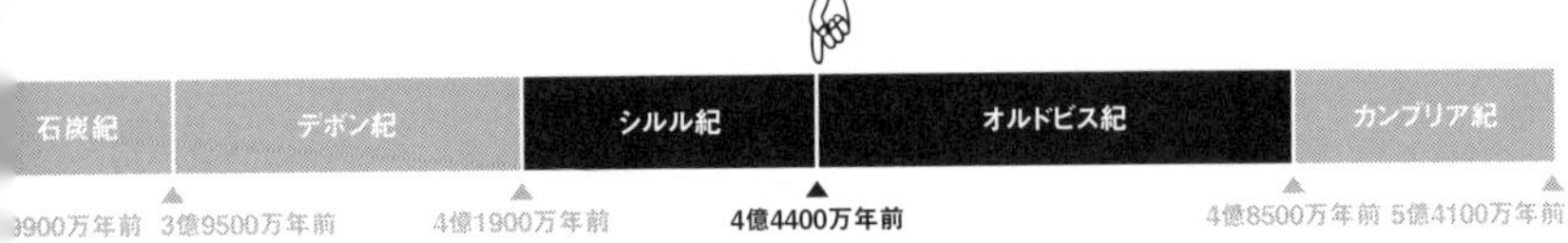

そういうことになりますね。

あれ？　変じゃないです？　三葉虫類（アタシの仲間）では、暖かい海に暮らすグループは滅んじゃったんですよね。でも、腕足動物（キャシーさんたち）は逆？

逆、かどうかはわかりませんが、僕らは〝暖かい組〟ですね。

ん〜。

なるほど。いや、**グループが異なると、こうも視点が変わる**のは面白いですね。

お役に立ちました？

立ちました。いろいろと複雑なことがオルドビス紀末に起きていたということが、わかりました。

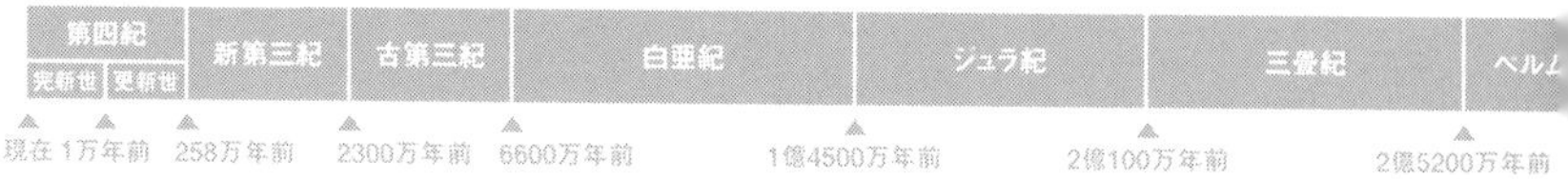

そうですか（苦笑）。

どうも、お忙しいところのお電話、ありがとうございました。

いえいえ。番組進行、がんばってくださいね。今日は1日聴いていますから。

ありがとうございます。

お電話は、腕足動物のキャシー……キャサイシオルティスさんでした。

言えるじゃないですか。

では、次のコーナーでは、そのとき地球に何が起きていたのかにせまっていきます。キャシーさん、お電話ありがとう！

ありがとうございました。

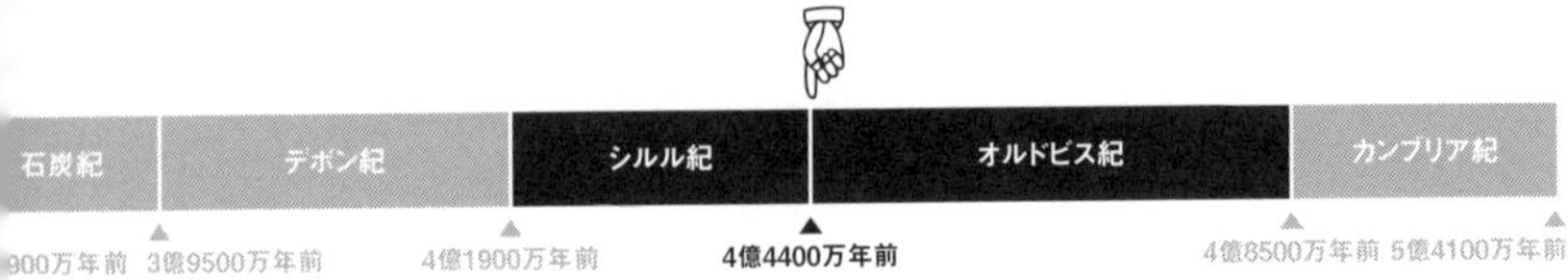

リスナー（読者）のみなさんは、周波数（ページ）はそのままで！

寒さと暑さだけ？

好物はプランクトンのエーギロカシスと、

危険を感じたら丸くなります、アサフスがお送りしている、

「O／S境界絶滅事件」です。

いやはや、エーギロっち。

エーギロっち？

先ほどは、アタシら三葉虫類と、キャサイシオルティスさんたち腕足動物に注目した

わけですが……見事に食い違うお話になっちゃって……アタシはもう、何がなんだか。

そうですね。食い違ってみえますね。三葉虫類で生き残ったのは、寒くて浅い海の底にいた種類。一方、腕足動物では、寒さに強い種類は打撃を受けて、暖かさを好む種類が繁栄してO／S境界を乗り越えたというから……「寒さ」と「暖かさ」に注目するだけでも矛盾しているようにみえます。

大規模寒冷化と、その後の温暖化があったらしいことは、有力なんですよね？

そうですね。2020年にフリードリヒ・アレクサンダー大学エアランゲン＝ニュルンベルクのアクセル・マンネッケさんたちがさまざまな化学的なデータをまとめて発表してますが、オルドビス紀に寒冷化が進んだことはたしかみたいです。でも、シルル紀の気候に関しては、まだわからないことが多いらしいですね。そして、マンネッケさんたちは、「**絶滅の過程は謎に包まれている**」と書かれていますよ。

やっぱり、複雑。

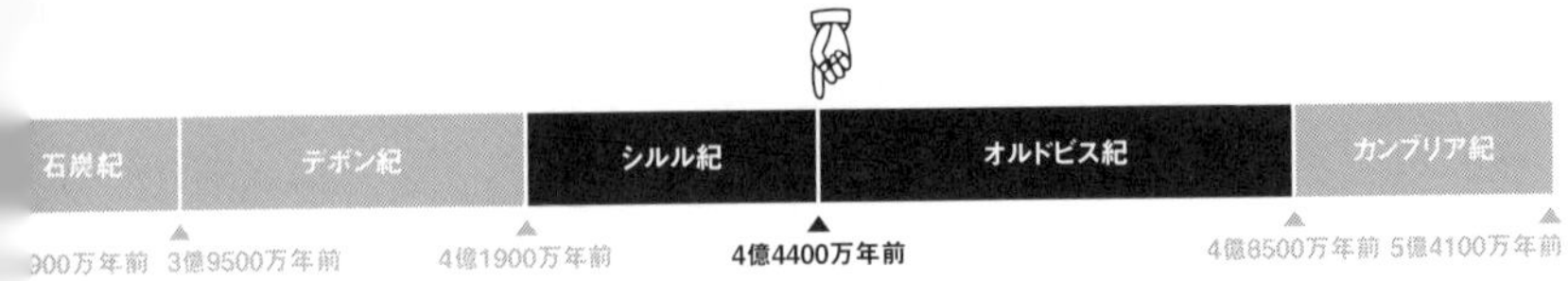

まあ、実際、複雑だったと思いますよ。２０１３年にダーラム大学のディヴィッド・A・T・ハーパーさんたちが発表した研究では、「O／S境界絶滅事件は、オルドビス紀後期の大規模寒冷化の始まりと終わりに2回あった」とした上で……。

2回あった、というのは、前提なんですね。

そう、2回あったということを前提とした上で、大規模寒冷化と温暖化があったことも認めた上で……。

認めた上で？

その気候変化に関連して、海水面が低くなったり、海流の循環が弱くなったり、それによって海の中の酸素が減ったり、その他に大規模な地殻変動があって、その影響を受けていたりしたんじゃないか、って指摘していますね。

わー。なんだかたくさん。

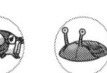

まさしく。ハーパーさんたちは、「それぞれが単独で発生しただけでは、大絶滅を引き起こすほどの〝威力〟はなかった」と指摘していて、「**たくさんの変化が同時期に発生したせいで、結果的に大規模な絶滅を招いた**」としています。

まいった。……でも、あれ？　海の中の酸素量って、どうやってわかるんです？

地層に残されている〝化学成分〟を分析することで、ある程度は推測できるんですよ。海に溶け込んでいた酸素量に注目した研究はいくつもありますね。たとえば、2012年にはスウェーデン自然史博物館のエマ・U・ハマールンドさんたちが、デンマークとオーストリア、スコットランドの地層を調べ、1回目の絶滅が発生する前に、小規模な無酸素水の塊が浅海と深海の間の水深に発生していた、と指摘しているのです。

およ？　絶滅の前にです？

そうです。そして、この無酸素の水の塊がまず、深海に移動した。その結果、深海に生きていた種類が滅んだ。これが〝1回目の絶滅〟ですね。その後、この無酸素の水

の塊が浅海に移動して、浅海の種類も滅んだ、と指摘しています。これが〝2回目の絶滅〟です。

移動して？　怖い。ナニ、その水の塊？

怖いですよね。私たち海の動物でも、多くの種類が生きていくためには酸素が必要ですから、**無酸素状態は本当に怖い**です。そして、こんな研究もあるんですよ。ニューメキシコ大学のリック・バートレットさんたちが、ハマールンドさんたちとは別の化学成分に注目してカナダの地層を調べてみたところ、2回目の絶滅のときに無酸素状態になって、しかもそれは、O／S境界を越えて、シルル紀になっても続いていたという……。

え？　O／S境界を越えて続いたんじゃ、生命が回復しないんじゃ……。

ちなみに、バートレットさんたちの研究では、大規模寒冷化は2回目の絶滅のときにあって、無酸素状態の発生のタイミングは、その大規模寒冷化と一致するらしいです。

あれ？　え？　ちょ？　え？

まあ、つまり、**無酸素状態が発生したことはたしからしいですけれど、その時期や規模についてはまだわからないところだらけ……**ということですかね。他の研究者が、他の化学成分に注目すると、また少しちがう結果も出ているみたいですし。

あー、もう、複雑っ。

まだ、ありますよ。

まだ、あるんですかあ。

アマースト大学のデイヴィット・S・ジョーンズさんと東北大学の海保邦夫さんたちが、中国とアメリカの地層を調べて、1回目の絶滅があったときに水銀が濃集していたことを突き止めているんです。

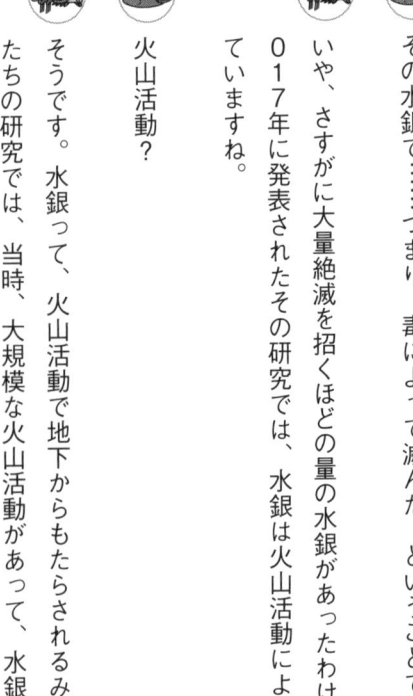

水銀？　あの、銀色のドロっとしたやつです？　たしか……毒ですよね？

猛毒ですよ。

その水銀で……つまり、毒によって滅んだ、ということです？

いや、さすがに大量絶滅を招くほどの量の水銀があったわけじゃないみたいですよ。2017年に発表されたその研究では、水銀は火山活動によってもたらされたと推理しています。

火山活動？

そうです。水銀って、火山活動で地下からもたらされるみたいです。ジョーンズさんたちの研究では、当時、大規模な火山活動があって、水銀も一度、空気中にばらまかれて、それが降って、地層に濃集したと……。

火山活動が絶滅に関わるって、さっき、ティラノさんたちも話していたような？

話していましたね。似たようなことがO／S境界絶滅事件でも起きたのではないか、とジョーンズさんたちは考えているようです。つまり、大規模な火山活動で噴き上げられた物質が太陽光を遮って、地球規模の寒冷化を招いたと。

火山も怖い……。

この研究は、「大規模な寒冷化の原因に火山活動があった」というのがポイントですね。寒冷化そのものの規模や寒冷化と無酸素の関係などには、とりあえず触れていないみたい。

なるほど。ざっくりとまとめると、**オルドビス紀末の寒冷化をめぐって、「寒冷化そのものの実態」「寒冷化の原因」「寒冷化の影響」の3つの方向から攻めてる**、って感じで良いです？

お、良いまとめですね。そうですね。多くのホモ・サピエンスさんたちは、その3つの視点から研究を進めているようです。「寒冷化」がポイントですね。ちなみに……。

え…まだ、続きます？

ちなみに、火山活動に関しては、オルドビス紀中期には始まっていたという分析結果もありますね。コペンハーゲン大学のクリスティアン・M・Ø・ラムスセンさんが2019年に発表した研究では、オルドビス紀中期に火山活動が始まると、それまで少しずつ増えてきた生物の多様性が、減り始めたことも指摘しています。

中期からって、早いですよね。

早いです。それまでいわれてきた大量絶滅の時期よりも早いです。さらに……。

え……さらに？

さらに、２０２０年には、ハル大学のデイヴィッド・P・G・ボンドさんと、カナダ地質調査所のステファン・E・グラスビーさんたちが、火山活動はむしろオルドビス紀末に活発化し、それによって、温暖化と無酸素状態が招かれて、大量絶滅が起きたのではないか、と指摘しています。これは、いわゆる「2番目の絶滅」に関しての研究でしょうか。

……。

アサフスさん？

……いや、もう、こんがらがってきて。いろいろな話が出ているのですが、なんというか。ホモ・サピエンスさんたちの言葉で、なんかこういう状態を表すのに、良い言葉があったと思うのです……。たしか、ひゃ、ひゃ？

百家争鳴？

そう、それ。

難しい言葉をご存じですね。

大まかなことはわかりましたが、一方で、まだ「超有力」という仮説がないこともわかりました。うーん。ティラノさんたちが羨ましい。

まあ、仕方がないです。そもそも、古い時代ほど手がかりは少なくなりますからね。私たちの担当したO／S境界絶滅事件について、謎が多すぎるのは当然ともいえます。

うーん。ホモ・サピエンスのみなさんの今後の研究に期待しちゃいます。

そうしましょう。さて、40ページにわたってお送りしてきました、O／S境界絶滅事件はここまでです。

「K／Pg境界絶滅事件」にくらべると尺が短かったけど……。

まあ、これも古い時代の宿命ですよ。古い時代ほど情報が少ないんですから。次は、ダンクルオステウスさんとイクチオステガさんの「デボン紀後期絶滅事件」です。

これもまた複雑そう。

では、みなさん。おつきあいいただき、ありがとうございました。担当は、アノマロカリス事務所のエーギロカシスと、

三葉虫事務所のアサフス・コワレウスキーでした。

また、どこかでお会いしましょう！

バイバイ！　……あれ？　エーギロっち。ブースの外でティラノさんが色紙を振っているよ？

第3章
デボン紀の"途中"の大絶滅

ハロー！「デボン紀後期絶滅事件」の時間です。ここからは、「甲冑魚といえば、私！」のダンクルオステウスが司会を担当します。そして！

お昼寝から起きたみなさん、おはようございますっ。お仕事中のみなさん、おつかれさまですっ。「陸上四足動物の大先輩といえば、僕！」のイクチオステガがアシスタントを担当します。

〝5大絶滅事件プラス1〟について、お話ししていく1日。3番手は、この2種で、進めていきます。

49ページ、おつきあいください。

〝時代の途中〟に起きた大量絶滅事件

さあ、まずは自己紹介だね。私、ダンクルオステウスは、全長8メートルのサカナで

す。板皮類事務所所属。でも、「板皮類」という言葉よりも「甲冑魚」という〝通り名〟の方が有名かな。「古生代最強のサカナ」といえば、私のこと。

「古生代最強」にツッコミを入れようと思ったのですが……実際、強いですし、怖いんですよね……。

そう？

番組中に、僕を食べないでくださいね。

安心して。天上界に来てからは、食欲は減ってるから。

お願いしますよ。……で、僕はイクチオステガ。「史上最初の陸上脊椎動物」として、一応、有名人……のはず……ですよね？　全長1メートル。「陸上脊椎」といいましたが、また、あしも4本もっていますが、歩き回るのは苦手です。所属事務所のないフリーです。

え？　イクちゃん、今、フリーなの？　両生類事務所にいなかった？

少し前までは、両生類事務所にいたんですけど、今は独立しています。数種の仲間たちと「初期の四足動物」という感じで活動することが多いですね。

なるほど。まあ、複雑そうだもんね、そのあたりの関係。

そうなんです。まあ、そのことについては、別の機会でまた。今日は、「デボン紀後期大量絶滅事件」について進めていきましょう。

まずは、デボン紀という時代について、だね。エーギロカシスさんたちが話していたシルル紀の次の時代が「デボン紀」。年代値は、およそ４億１９００万年前からおよそ３億５９００万年前まで。

陸地では樹木が茂り、海ではダンクルさんたち板皮類をはじめとして、多くのサカナが栄えた時代です。

そして、イクちゃんみたいに4本のあしをもつ動物も出現した。

「脊椎動物の進化が一歩進んだ」といえる時代ですね。

1つのポイントは、アレだね。これまで、ティラノさんたちが話した「K／Pg（ケー・ピージー）境界絶滅事件」は、白亜紀と古第三紀の境界となった事件だった。エーギロカシスさんたちの「O／S（オー・エス）境界絶滅事件」は、オルドビス紀とシルル紀の境界となった事件だった。でも、私らが担当している絶滅事件は、デボン紀後期。デボン紀という時代の中にあった事件ということ。

そうですね。その意味では、今日の〝5大絶滅事件プラス1〟の中で、唯一、時代の境界ではないです。

でも、「K／Pg」とか「O／S」とか、なんかカッコイイね。そういう、略称、欲しくない？

ありますよ。略称。

あれ？　あったっけ？

はい。「F（エフ）／F（エフ）境界絶滅事件」。

F／F？　なんか、ホモ・サピエンスさんらに人気のゲームがそんなタイトルだったような……。

そう。Ⅶ（セブン）は名作……ではなくて！　いや、無関係です。

そうなの？

最初の「F」は「Fransnian（フラニアン）」で、次の「F」は「Famennian（ファメニアン）」です。

フラ……なにそれ？

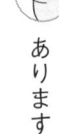

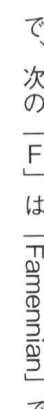

あまり興味ないです？　デボン紀という時代は、「前期」「中期」「後期」の3つの時代にわかれていて、後期はさらに2つにわかれているんですよ。それが、フラニアンとファメニアンです。

細かっ！

この2つの時代の境界は、およそ3億7200万年前ですね。

なるほど。……あれ、その頃って、イクちゃんたちの？

はい。僕らが生きていたのは、まさにこのあたり。4本のあしをもった脊椎動物が現れて、上陸作戦を展開していった時期が、フラニアンとファメニアンです。

え？　それって、大量絶滅事件と何か関係あるの？

今のところ、なんとも、ですね。めぼしい仮説も出ていません。

ふーん。なんか残念だね。で、その、F/F境界絶滅事件の……。

いや、ここは、通りの良い方でいきません？

じゃあ、デボン紀後期絶滅事件の絶滅の規模ってどのくらいだっけ？

これまで引用されてきたハワイ大学のスティーブン・M・スタンレーさんの論文では、絶滅率は37パーセントから43パーセントとされていますね。

あれ？　あまり大規模じゃない？

いやいや、3分の1以上はありますから。

3分の1……。たしかにそう聞けば、強烈か。

そうですよ。じゃあ、次のコーナーで「何が滅んだのか」に注目していきますね。

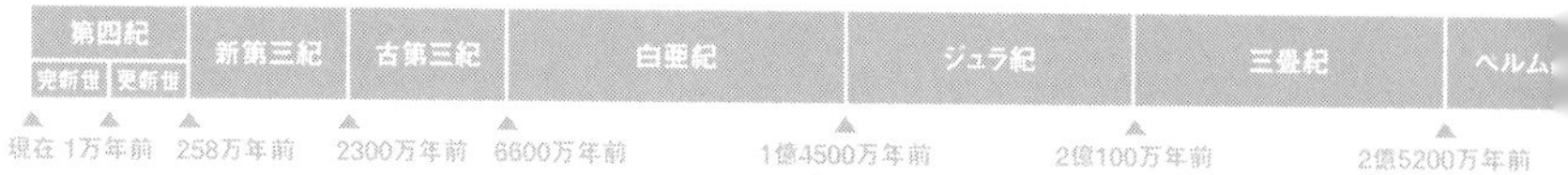

海の生物だけ？

古生代最強のサカナ、ダンクルオステウスと、

最初期の陸上四足動物、イクチオステガでお送りしている、

デボン紀後期大量絶滅事件です。

さあ、ここからは、何が滅んだのか、みていこう。

ポイントは、「海だけ」ですね。

海だけ？

そうです。**当時、すでに動物も植物も陸上進出していましたが、今のところ、**

陸上の生き物に大規模な絶滅があったとは確認されていません。

なんだ。じゃあ、イクちゃんたちの世界は平和だったわけだ。

まあ、大量絶滅事件があったとき、僕はまだ登場していませんけどね。正確には、僕は大量絶滅事件後の登場組です。

で、海というと、どんな動物たちがダメージを受けたの？

早稲田大学の平野(ひらの)弘道(ひろみち)さんが2006年に発表した『絶滅古生物学』には、「腕足動物」「三葉虫類」「コノドント」「アクリターク」「床板サンゴ」「層孔虫」などが絶滅したとされていますね。

……また、ぞろっと知名度がない連中が並んだなあ。

そんなことをいうと、怒られますよ。「自分が有名だからイイキになりやがって」って。

ツイッター、炎上しちゃいますよ。

それは困る。いや、すみません。ごめんなさい。いや、みなさん、素晴らしい方々で……。

露骨ぅ。

どうしろとっ。

まあ、いいです。大事な点は、O／S境界絶滅事件のときと同じように、こうしたグループがまるごと滅んだというわけじゃないということですね。みなさん大打撃を受けていますが、完全絶滅には至らなかったと。

なんか、エーギロカシスさんもそんなことをいってたような。絶滅したグループの筆頭になっている腕足動物って、O／S境界絶滅事件でゲスト出演していたヤサイオイシイさんのグループだよね？

野菜おいしい？

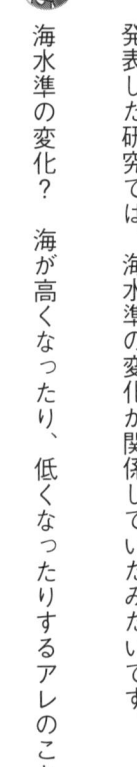

あれ？　そんな感じの名前だったような。

……キャサイシオルティスさんですね。怒られますよ。

……ごめんなさい。でも、そのグループだよね？

そうです。キャサイシオルティスさんたち腕足動物を構成するグループの数が激減したみたいです。もっとも、打撃を受けたグループもいれば、ほとんど生き残ったグループもいたらしいですね。２００２年にシレジア大学のエレナ・Ｖ・ソキランさんが発表した研究では、海水準の変化が関係していたみたいです。

海水準の変化？　海が高くなったり、低くなったりするアレのこと？

そうですね。腕足動物の生存率に関係しているみたいです。

へぇ。他に気になるのは、やっぱり三葉虫類だ。アサフスちゃん。やっぱり有名だからね。

アサフスちゃんのグループは、このときもうとっくに滅びてましたけどね。影響を受けたのは、別のグループの三葉虫類です。

別のグループ？

そうです。三葉虫類にはいくつかのグループがあって、デボン紀後期が始まった段階では、5つのグループが生き残ってました。このうちの3つがデボン紀後期大量絶滅事件で姿を消して、1つはデボン紀末に滅びました。

……ってことは、5引く3引く1で、デボン紀が終わったときに生き残ったのは、1グループだけじゃん。三葉虫類は壊滅したの!?

実態は、複雑だったみたいですけどね。ケンブリッジ大学のケネス・J・マクナマラ

さんとモンペリエ第2大学のライムンド・ファイストさんが2008年に発表した研究によると、西オーストラリアでみつかる化石を調べた結果、デボン紀後期大量絶滅事件が発生する直前にいくつかの種が同時に姿を消していて、フラニアン末にも消えて……という感じだったみたいですよ。

いっきに滅んだ、というわけじゃなかったということか。

デボン紀後期絶滅事件を生き抜いた2グループも無傷ではなかったみたいですね。先ほどの研究を発表したマクナマラさんたちは他にもこの時代の三葉虫類を詳しく調べていて、生き残ったグループが、ファメニアンになってから回復しつつあったことも指摘しています。

でも、そんな2グループのうちの1つは滅んでしまったと。

そのあたり、次のコーナーで詳しくみていきます。

そのとき、ちゃぶ台返し？

水陸両棲（すいりくりょうせい）の、イクチオステガと、

日本では、国立科学博物館や北九州市立自然史・歴史博物館などで会えます、の、ダンクルオステウスがお送りしている「デボン紀後期大量絶滅事件」です。

羨ましい。

まあ、そこは知名度の勝利だね。

僕も知名度では負けてないと思うのですが……。まあ、先に進めていきましょう。レポーターのアカントステガくんが、三葉虫事務所を訪問中です。つないでみましょう。

アカちゃん、聞こえてる？

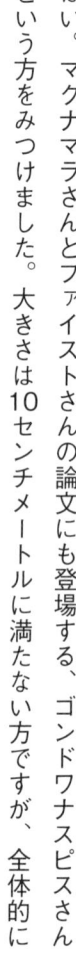

はーい。聞こえていますよ。全長60センチメートル。４本のあしをもつ水棲（すいせい）動物、アカントステガです。読者のみなさん、イクさん、ダンクルさん、こんにちは！

おつかれ！

おつかれさま！

私は今、天上界の三葉虫事務所にお伺いしてまーす。いやあ、すごいですね。さすが、三葉虫組。もう、いろいろな姿をした方々が、所狭しといらっしゃいます。

アカントくん、おつかれ。絶滅事件について話せそうな種（ヒト）、みつかった？

はい。マクナマラさんとファイストさんの論文にも登場する、ゴンドワナスピスさんという方をみつけました。大きさは10センチメートルに満たない方ですが、全体的に四角くて力強く、でも、殻の縁に並ぶ小さなトゲがチャーミングな方です。お越しいただいています。今日はよろしくお願いします。

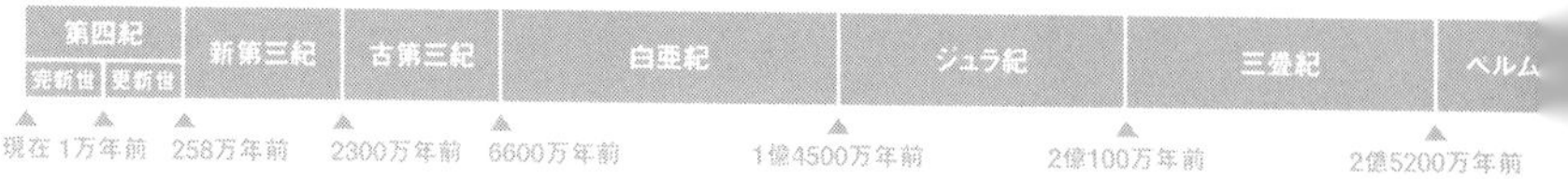

どうも、こんにちは。ダンクルオステウスさん、イクチオステガさん、はじめまして。朝から事務所のみんなと聴いています。ゴンドワナスピスと申します。

どうも、今日はお忙しいところありがとうございます。さっそくですが、デボン紀後期絶滅事件で三葉虫さんたちに何が起きたのか、お話しいただけるということで。

はい。そうですね。これは、マクナマラさんとファイストさんが2016年に発表したことなんですが、当時、一部の三葉虫類は、眼が小さくなっていました。

眼が小さく？

はい。絶滅事件の発生前に、いくつかのグループでその傾向がありました。

そりゃまた、なんで？

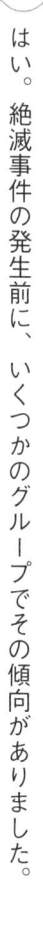

いろいろな仮説があるみたいですが、どの仮説でもいわれているのは、彼らが生きて

いる場所に届く光の量が減ったということですね。次第に暗くなった、と。……そして、からだの小さな種も増えてきたんです。

それは、小型化が進んだ、ということですか？

そうともいいますね。

眼もからだも小さくなった……。原因はわかっているんですか？

マクナマラさんとファイストさんによると、手に入る**〝栄養分〟が減少したから**じゃないか、ってことです。私の眼って、とてもたくさんの栄養を使ってつくっているので、栄養が少ないとあまり大きな眼をつくることができないらしいんです。からだの大きさに関しては、いわずもがなですかね。

栄養の減少ですか。なんでそんなことが起きたのかは、わかっているんですか？

それがよくわかっておらんのです。海の栄養分って、陸からやって来る分もたくさんあるじゃないですか。陸からの栄養分の供給がデボン紀の間に少しずつ少なくなってきたんじゃないか、っていわれています。

それは、あれかな。植物が陸で増えてきて、根っこでしっかりと土壌をつかんで離さないようになってきたとか。

ですかねぇ。

まあ、そのあたりはいろいろな説があるようですわ。でも、眼もからだも小型化しても、別にそのままでは絶滅するとは誰も考えていなかったみたいで……。

ある意味、栄養度の低い海に適応した結果、眼もからだも小さくなったともいえますものね。

だから、デボン紀後期絶滅事件が起きたとき、陸地の土壌が不安定になって、海へ大

量の栄養分が突如として流れこんだんじゃないか、ってマクナマラさんとファイストさんは指摘しています。

逆に？

はい。**せっかく、低い栄養度に適応していたのに、今度はいっきに栄養分が増えてしまい、対応しきれなくなった**と。

なんつー、ちゃぶ台返し。

ダンクルさん、イクさん、今、ゴンドワナスピスさんがお話ししてくれたのは、あくまでも1つの仮説ですが……面白いですよね。

そうだね。いや、「絶滅」を「面白い」といって良いのかどうかはわからないけれど、興味深い。

ゴンドワナスピスさん、興味深いお話をありがとうございます。

いえ、こちらこそ。今日は、ウチのアサフスもお世話になったみたいで。みんなで楽しく聴いていますので、みなさんによろしくお伝えください。

ありがとうございます。

じゃあ、ゴンドワナスピスさんとはここでお別れです。ゴンドワナスピスさん、本当にありがとうございます。

アカントくんはこのあとどうするの？

近くの板皮類事務所に伺う予定です。

あれ？　ウチ？

そうです。ちょっと待ってくださいね。

ウチを訪問って、台本には書いてないよ？

「時間次第で、事務所訪問2か所」ってありますよ。

いきなりだなあ。

それよりも、アカントくんが移動している間に、ダンクルさんっ。

ん？

板皮類ってグループについて、簡単にまとめておきましょう。おそらく、「初めて聞いた」というリスナー（読者）のみなさんもいると思いますので。

ああ、なるほど。いいよ。なんでも聞いて。

まず、オープニングで「甲冑魚」といってましたけれど、「甲冑」って、あの、鎧（よろい）とか兜（かぶと）とかのアレですか？

そうそう。私ら板皮類って、頭部と胸部の外側を骨の板で覆っていて、それがまるで鎧や兜のようにみえるから、「甲冑魚」っていわれているんだ。まあ、俗称に近いけど。

甲冑魚イコール板皮類って考えて良いですか？

いや、板皮類以外にもそうした特徴のあるサカナはいるから、必ずしも「イコール」じゃないよ。

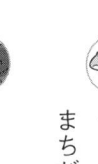

僕の感覚じゃ、板皮類さんは「デボン紀のサカナ」っていう印象が強いんですが……まちがってませんよね？

大丈夫。シルル紀に登場し、石炭紀に完全絶滅したけれど、ほとんどの種はデボン紀に生きていたから。デボン紀は「ウチの事務所（板皮類）の時代」といっても、まあ、過言じゃ

ないぞ。

どのくらいの種数がいたんですか？

数百はヨユー。

めっちゃ大所帯じゃないですか。生息場所（縄張り）はどの辺だったんですか？

北極圏から南極圏まで。湖から深海まで。もう、デボン紀であれば、どこにでもいたね！

そりゃ、すごい。その代表がダンクルさんと？

そう。エース・オブ・エース。いわば。

もしもーし、ダンクルさん、イクさん、聞こえていますか？

あ、アカントくんからです。板皮類事務所に着いたみたいですね。

もしもし、アカちゃん。聞こえているよ。

はーい。私は今、ダンクルさんも所属している板皮類事務所に着きました。ボスリオレピスさんという方を捕まえましたので、お話をお聞きしたいと思います。

え？　ボスリオ先輩？

え？　先輩？

ボスリオレピスさんは、50センチメートル弱。私より少し小さいサカナさんで、頭部と胸部を骨の鎧でカッチリと覆われていて、カッコいい方です。胸びれも同じような鎧で覆われていて、まるでカニのあしみたい。ボスリオレピスさん、よろしくお願いします。

よろしく（低音イケボ）。

よろしくお願いします。

……よろしくお願いします。

イクさん、よろしくね。で、ダンクル。誰が、エース・オブ・エースだって？

いや、えっと、それは話の流れというか。もちろん、ボスリオ先輩っす。もちろん。

え？

いや、さっき自分のことを……。

ハハハ。何をいうかな。「ボスリオレピス」って名前（属名）をもつ仲間だけでも60種を数え、世界各地から化石がみつかり、デボン紀前期から末期までの長寿を誇るボスリオ先輩こそが、エースに決まっているじゃないか。ハハハ。

そうなんですか、ボスリオレピスさん。

まあ、そうですね。ボスリオレピス属（私たち）は板皮類の中でも、とりわけ繁栄した種類として知られているのは事実ですよ。ダンクルのように、生態系の頂点に立っていたわけじゃないですけど。

……ハハハ。

ダンクルさん？

ハハハ……。

えーっと、僕が進めさせていただきますね。今、僕たちは、デボン紀後期大量絶滅事件についてのお話をしているところでして。

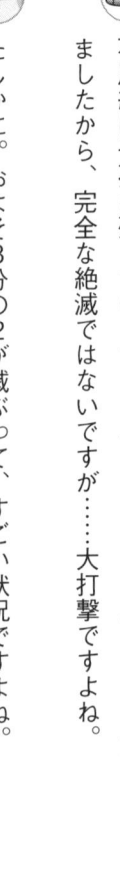

はい。聴いていました。デボン紀後期大量絶滅事件で、私ら板皮類にどんな影響が出ていたのか、ですね？

そうです。世界中で繁栄していたからこそ、影響が大きかったのでは、と思うのですが？

そうですね。いろいろな指摘があります。たとえば、事件の直前に65パーセントの板皮類の種が滅びたという指摘もあります。

65！

石炭紀に子孫が残っていますし、ボスリオレピス属（私の仲間）もデボン紀末期まで生き残っていましたから、完全な絶滅ではないですが……大打撃ですよね。

たしかに。およそ3分の2が滅ぶって、すごい状況ですよね。

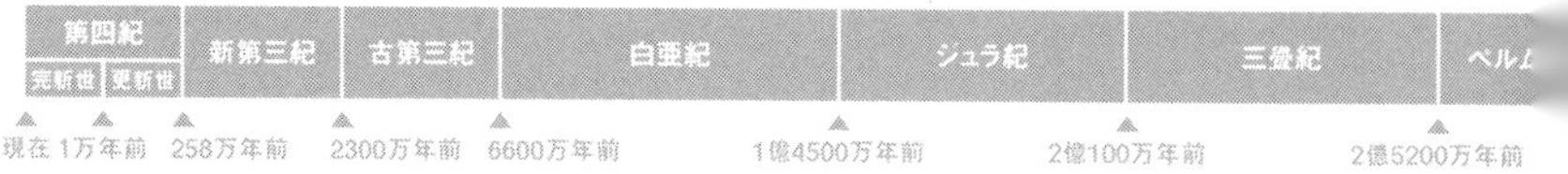

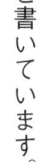

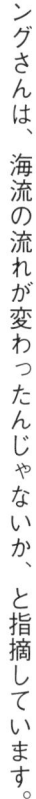

でも、最近は「それがよくわからん」という指摘も出てきていて。たとえば、オーストラリア国立大学のガーヴィン・C・ヤングさんが2010年に発表した研究では、この絶滅率の計算はデータ不足で不確か、と。

あれま！　じゃあ、影響はなかったんですか？

ヤングさんは、むしろ当時、多くの板皮類が世界の海に拡散していったのではないか、と書いています。

拡散！　生息範囲がより広がった、ということですか？

そうともいえますね。

なぜ、そんなことに？

ヤングさんは、海流の流れが変わったんじゃないか、と指摘しています。

海流の流れ。

地球の大陸って、ゆっくりと動いてますよね。

はい。すごくゆっくりですが。私たちが生きていた時代と現在では、「別の惑星？」と思うくらい、大陸の配置も形もちがいます。

そして、気候変動によって、海水準も上下している。すると、大陸の配置や海水準次第で、海流の向きも変わる、というわけです。

なるほど。そのタイミングが、絶滅事件と一致するのは興味深いところですね。

そうですね。そのあたりはまだはっきりしていないそうですが。

謎が多いなあ。

原因は謎。でも、少なくとも板皮類は、生息域を広げていた可能性がある。

絶滅というよりは、むしろ繁栄のような気もします。

そうなると、これまでの見方も修正しなくてはいけない。

それは、オオゴトです。

だから、「データ不足で不確か」というわけですね。今後の研究次第、と。

謎が多いなあ。いやはや、今日はお忙しいところ、ありがとうございました。

いや、良い企画だと思います。な、ダンクル？

！　いや、はい、もちろんです。

がんばれよ、エース。

ハイッ！

イクチオさん、アカントさん、ウチのやつをよろしくお願いします。

はい。よろしくされました。

されました！……といっても、実は私の出番はここまでです。番組はスタジオに戻しますね。

アカントくん、おつかれ。気をつけて帰ってきてください。

はーい。では、リスナーのみなさん、これからも周波数（ページ）はそのままで！　また、どこかでお会いしましょうっ。

隕石？　大規模噴火？　それとも……

ボスリオレピスさんの後輩、ダンクルオステウスと、

アカントステガさんと同期、イクチオステガがお送りしている「デボン紀後期大量絶滅事件」です。

いやー、緊張した。怖かった。

ダンクルさんの事務所での立場がわかった気がしますよ。

ま、気を取り直して次へいこう。次へ。ここからは？

ここからは、絶滅事件の原因にせまっていきたいと思います。

お、いよいよ。で、何が原因なの？

あせらないあせらない。『絶滅古生物学』で、平野さんはこう書いていますね。「**地球気温・水温の低下に原因を求めるのは，きわめて穏当なことであろう**」。

オントウ？

筋が通っている、ということですよ。

じゃあ、それで決まり。寒くなりすぎた、って立派な理由だよ。

でも、これだけじゃ、たとえば、ゴンドワナスピスさんが説明してくれた「栄養分の増加」をどうやって説明すれば良いかがわかりませんよ。

……そうだなあ。たしかに。

それに、平野さんはこうも書いているんです。いいですか、読みますよ。「ところが、気温の低下は近因としては説得的であるが、その遠因（中略）は定かではない」

キンイン？

直接的な原因ってことです。ちなみに、遠因は、遠い原因ってことですよ。つまり、**寒くなったのはたしかだけれども、「なぜ、寒くなったのか」がわからない、ってことです。そして、その寒くなった原因こそが、ゴンドワナスピスさんが説明してくれた「栄養分の増加」にも関係しているかもしれません。**

私ら板皮類の拡散にも関係しているかも？

そうかもしれません。でも、それがわからない。

アレって可能性はないかな？

アレ？

隕石衝突。ティラノさんたち、だいぶ盛り上がっていたみたいだし。同じことがデボン紀後期に……。

巨大隕石の衝突があって、地球表層が粉々に砕かれて、それが大気中に散らばって日光を遮って、そして寒くなっていった……というアレですね。

そう、それ。

実際、その可能性もホモ・サピエンスさんたちは検討したみたいですが……証拠がみつかっていないようですね。

証拠？

まず、巨大なクレーターがない。デボン紀にもいくつかの隕石は衝突していて、そのクレーターも残ってはいるのですが……それでも直径50キロメートルくらいだそうです。

50キロ？　でかいじゃん。

ティラノさんたちの話、ちゃんと聞いてました？　あちらは直径180キロですよ。

あー、南関東全滅とかいってた。

直径50キロだと、南関東全滅とはいきませんね。東京駅に落ちた場合、23区は壊滅でしょうけれど、横浜市もさいたま市も千葉市も無事……ではありませんけれど、全滅まではいきません。

ひょっとして、かなり小さい？

かなり小さいですね。しかも、そんな小さな隕石でさえ、絶滅事件が起きたそのときに落ちたという証拠はないんです。

そうか……。あ！　じゃあ、火山噴火は？　火山の大規模な噴火があれば、その噴出物で日光が遮られて同じようになるよね？

たしかに。それは、１つの仮説として挙がっていますね。２０１２年にアルバータ大学のワジム・A・クラフチンスキーさんが古生代のユーラシア大陸北部で起きた大規模噴火をまとめた論文があります。この論文によると、絶滅事件が発生した頃に、ロシア東部で大規模噴火があったみたいです。

お！　やはり、あったか！

ハル大学のデイヴィッド・P・G・ボンドさんと、リーズ大学のポール・B・ウィグナルさんも、大規模火山活動と大量絶滅事件をまとめた論文を２０１５年に発表していて、ここでもデボン紀後期大量絶滅事件と、ロシア東部の大規模噴火の関係に触れていますね。このときに噴出した溶岩は、36万平方キロメートル以上に達するという

膨大なもので、噴火のタイミングは3億7600万年前から3億6400万年前のどこかとされています。大量絶滅事件があったとされるフラニアンとファメニアンの境界が3億7200万年前ですから、これはかなりの精度で一致していますね。

36万平方キロメートルって、どのくらい？

現代日本にある東京ドームでおよそ770万個分です。

わかるかっ！

日本の総面積よりも少し小さいくらいですよ。

先にそっちを出しなよ。でも、そうか、かなり広い。そんなに大規模噴火なら、なんか関係がありそうな気がするぞ。もう、これで決まりで良くない？

いや、**噴火だけじゃ、説明できないこともあります**って。アカントくんがレポー

トしてくれた「栄養分の増加」や「板皮類の拡散」は、どうやって説明するんですか？　「海だけ」にもどのように関係するのか……。

おう、そうか。難しい。

こういう説もあります。生物自身に原因があった、と。

生物自身？

オハイオ大学のアリシア・L・スティガルさんが2012年に発表した研究で、外来種が増加していた可能性が指摘されているんです。

外来種？　本来、その場所にいなかった種のことだよね？

そうです。多くの場合で、外来種はその地域に古くからいた固有種よりも強いので、固有種を駆逐してしまいます。

なんてやつらだ。

デボン紀後期、そんな外来種が異常に増え、その結果として固有種が次々と姿を消して、〝見かけ上の大量絶滅事件〟になったのではないか、と。

見かけ上？

デボン紀後期の事件に限らず、基本的に「絶滅事件」って、「種の数が少なくなったこと」ですから。

あ、そうか。個体数じゃないんだっけ。なるほど。固有種が消えれば、種の数が減る。いくら外来種が繁栄していても、全体でみて種の数が減っていれば、「絶滅事件」となるわけだ。それで、〝見かけ上〟なわけね。

当時、外来種が他の海域に進入しやすい〝地理〟になっていたのかもしれませんね。海水準も、大陸の配置も時代とともに変わりますから。その意味では、板皮類さんの拡

散にも通じているといえるかもです。

なるほど。ウチの話も関連するわけね。……あれ？　あー、ひょっとして、その場合、ウチらも「外来種」あつかい？

……ということになりますかね。他にも「海だけに発生した絶滅事件」に注目して、**海洋無酸素化が発生したという指摘**もたくさんあるみたいですよ。

海洋無酸素化か……。酸素がなくなると、そりゃ、まあ、生きていけないわな。

こちらは、どこで海洋無酸素化が始まって、どうやってそれが広がっていたのかについて、いくつもの仮説があるみたいですが……ちょっと、時間が残り少なくなってきましたね。

おっと、もうそんな時間か。

休憩を挟んで、最後のコーナーであと2つ、研究を紹介して、終わりとしましょう。

合わせ技で大量絶滅？

ダンクルオステウスと、

イクチオステガが、お送りしている「デボン紀後期大量絶滅事件」です。番組もいよいよ最後のコーナーです。

あと2つ、紹介するって？

はい。休憩前のコーナーで、絶滅に関するいくつかの仮説を紹介しましたが、「結局、どれが原因なの？」と思いませんでした？

まー、それはね。

こうした研究を受けて、「**結局、全部、原因じゃね？**」という仮説もあるんですよ。

隕石も含めて？

隕石以外で。たとえば、北京大学のシュエピン・マーさんたちが、南中国の地層を調べた結果を2016年に発表しています。この研究によると、絶滅は1回ではなく、3回にわけてあったらしいです。

3回？

はい。フラニアンとファメニアンの境界を挟んで合計3回です。その3回で、浅海にも深海にも影響が出たと。

原因は？

そもそもの原因は、大規模火山活動ではないか、とされています。これによ

って、気候が不安定化し、海水面の高さも上下に変動し、陸地からは栄養分が海に流れこみすぎることで、微生物が大繁栄し、そして、その微生物が酸素を大量に使っちゃうので、海の酸素も消えていくという……。

すごい連鎖……。

でも、それぐらいいろいろな要因が絡まないと、3回もの絶滅は起きなかったのではないか、とされているわけです。

もう1つの仮説があるって、いってたよね？

正確には仮説というよりも「指摘」と思いますけど……。2019年に、アパラチア州立大学のサラ・K・カーマイケルさんたちが発表した研究では、デボン紀後期絶滅事件を詳しく知るには、**まだサンプル数不足、と指摘**されているんです。

あれま？

これまでのサンプルは、アメリカやヨーロッパばかりで、全世界的なデータが取れていないというわけですね。

さっきの、マーさんたちのような研究は少ないってことだね。

そうですね。カーミカエルさんたちは、あくまでも「サンプル数不足」を前提とした上で、どうやらデボン紀後期絶滅事件の原因は1つではなく、いくつもの〝異常事態〟が合わさった結果としています。基本的には、マーさんたちと同じ。で、その〝異常事態〟は、もともと海で発生したものではなく、おそらく**火山活動などによる気候の変化、大陸の配置が変わったことによる海流の変化、陸地からの栄養分の流入など、海以外で起きたことがきっかけとなって、海に影響が出て、海の動物たちが滅んでいったのではないか、と指摘**しています。

なるほど。絶滅は海だけだったけれど、そのきっかけは海じゃない、というわけか。

まあ、それも、今後、研究のサンプルが増えれば、ちがう仮説がみえてくるかもしれ

ませんね。

しっかし、あれだね。「まだわかっていない」がかなり多いんだな、というのが、正直、今日の感想。

そうですね。俺たちエンド的な感じです。

俺たち……なんて？

あー、「俺たちの戦いはまだまだ続く」です。まあ、番組上、今回は「エンド」ですけど、研究者のみなさんは、実際に戦い続けているわけで、今後の成果に注目していけば、また、新たな物語がみえてくると思います。

そうだね。科学の世界は日進月歩。とくに「サンプル数不足で、まだわからないことだらけ」ということは、「サンプル数が増えれば、もっとわかるぞ」といっていることと同じだし。そこは、ホモ・サピエンスさんたちに期待だ。

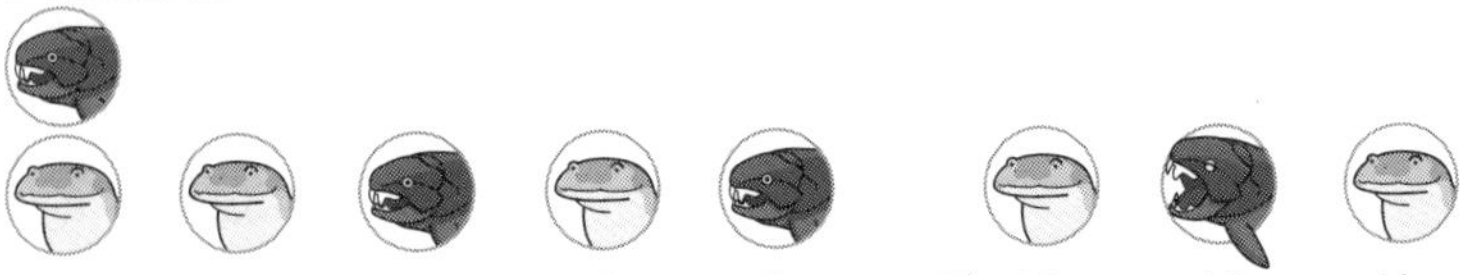

はい。では、うまくまとまってきたところで、デボン紀後期絶滅事件はここまでです。

49ページ、おつきあいいただきまして、ありがとうございました。このあとは？

はい。このあとは、「史上最大の絶滅事件」として名高い「P/T（ピー・ティー）境界絶滅事件」を、ディメトロドンさんとイノストランケヴィアさんがお送りします。

古生代に幕を下ろした大きな事件だ。

どんな話になるか、楽しみですね。

それでは、デボン紀後期絶滅事件。お相手は、ダンクルオステウスと

イクチオステガでした。

バイバイ！

第4章
世界をガラリと変えた史上最大の大絶滅

今日も1日、お仕事、おつかれさまでした。陽も沈みましたね。〝5大絶滅事件プラス1〟について、お話ししていく1日。4番組目。司会のディメトロドンです。

イノストランケヴィアです。夕刻のひととき、みなさんにお届けするのは、「史上最大」と名高い「P/T（ピーティー）境界絶滅事件」について。

70ページ、おつきあいください。

古生代の終わり・中生代の始まり

イノさん。ついに、僕らの出番になったね。

いよいよ、プログラムも折り返しだ。長い1日ですが、リスナー（読者）のみなさんは、おつかれではないですか？

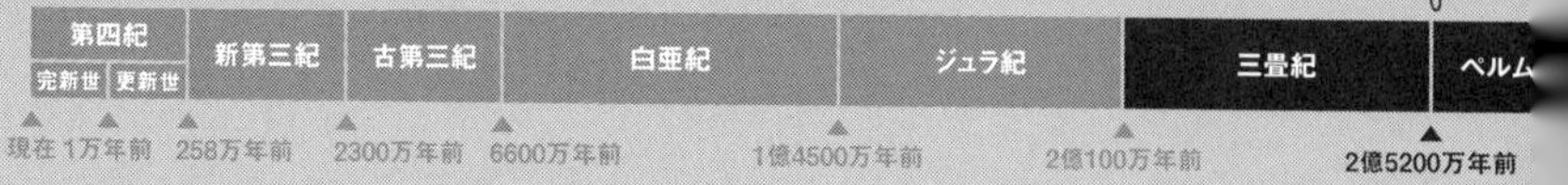

イノさん……「折り返しだ」って、いきなり〝地〟が出てますよ……。リスナーさんが、怖がるのでは？

あ、いや、まあ、しかたがないだろ。こういう口調なんだから。変に取り繕うと、ボロが出るぞ。

まあ、しかたないですね。リスナーのみなさん、イノさんは、こういう口調なだけですから、あまり気にしないでくださいね。さて、最初にティラノさんたちが、「K/Pg（ケービージー）境界絶滅事件」についてがっしりと話をしたでしょ。その後、ぐっと時代を遡ってエーギロくんたちの「O/S（オーエス）境界絶滅事件」、で、さっきまで、ダンクルくんたちの「デボン紀後期絶滅事件」へと続いてきたんだよね。

俺たちが担当する「P/T境界絶滅事件」は、番組としては4番目だけど、事件の発生順としては3番目になるわけだ。

P/T境界絶滅事件の「P」は、英語の「Permian（パーミアン）」の頭文字。日本語では、「ペルム紀」だね。

「T」は、英語の「Triassic（トライアシック）」の頭文字。日本語では、「三畳紀」だ。ペルム紀は、およそ5億4100万年前から続いてきた「古生代」の最後の時代で、三畳紀はK／Pg境界絶滅事件まで続く「中生代」の最初の時代。P／T境界絶滅事件は、古生代と中生代の境界。境目。この事件によって古生代が終わり、中生代になる。K／Pg境界絶滅事件と同じように「代」の境目は、それだけ大きな絶滅事件があった……というか、その大きな絶滅事件があったために、「代」が変わることになる。

そんな大事件を担当する僕らは、ともに「単弓類〝事務所〟」の一員です。

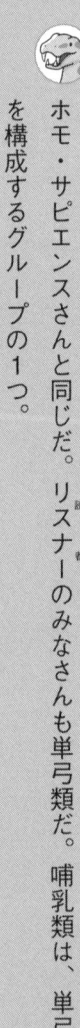

ホモ・サピエンスさんと同じだ。リスナー（読者）のみなさんも単弓類だ。哺乳類は、単弓類を構成するグループの1つ。

ただし、僕らが生きていた時代には、哺乳類はまだいなかった。遅くなったけれど、ここで自己紹介を。僕、ディメトロドンは、全長3メートルちょいの単弓類。単弓類事

務所の中では、とくに「盤竜類〝課（※学術分類の「科」ではない。念のため）〟」に所属しています。背中の大きな帆がトレードマークです。ペルム紀は、およそ2億9900万年前からおよそ2億5200万年前まで続きましたが、僕がいたのはその前半です。

俺ことイノストランケヴィアは、全長3・5メートルの単弓類だ。俺の所属は「獣弓類〝課〟」。哺乳類（キミたち）と同じ課（グループ）だけど、俺はとくに「ゴルゴノプス〝班〟」という特殊班のメンバー。だから、哺乳類と直接の祖先・子孫の関係があるわけじゃないぞ。ディメさんのような目立つ特徴はないけれど、大きなアゴと歯は自慢。俺がいたのは、ペルム紀の後半だ。

ペルム紀という時代は、陸上では「僕らの時代」だったね。いいかえれば、「単弓類の時代」。

地球上の大陸がすべて地続きになっていて、歩いて世界中を旅することができた。俺らの仲間には、実際、そうして旅をして、世界各地に化石を残したのもいる。

そんな単弓類の繁栄に大きすぎるダメージを与えたのが、「P／T境界絶滅事件」。これまでの番組でも引用してきたスタンレーさんの論文では、海の生物の絶滅率は、81パーセントとされているね。陸は、地域によるちがいもあるけれど、およそ70パーセントの脊椎動物が滅んだというデータもあるみたい。

まさしく、「**史上最大の絶滅事件**」だ。2番目に大きい「O／S境界絶滅事件」よりも9パーセントも大きい。じゃあ、まずは、被害の大きかった海に注目していこうか。

壊滅的被害の海

帆のある単弓類、ディメトロドンと、

大きなアゴが自慢の単弓類、イノストランケヴィアがお届けしているP／T境界絶滅事件です。

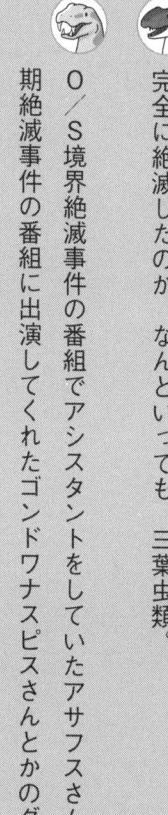

ここでは、海に注目していきますよ、と。

何しろ、絶滅率81パーセントだ。とんでもない数字だ。

完全に絶滅したのが、なんといっても、三葉虫類。

O/S境界絶滅事件の番組でアシスタントをしていたアサフスさんとか、デボン紀後期絶滅事件の番組に出演してくれたゴンドワナスピスさんとかのグループだな。

三葉虫類は、古生代の最初の時代であるカンブリア紀に出現して、それから2億7000万年以上も子孫を残し続けてきたんだ。数を減らしながらではあったけど。

「2億7000万年以上」って、すごい数字だよな。それこそ、古生代が終了してから現在までの期間よりも長い。

そう。そんな**〝長寿のグループ〟が、完全に姿を消した。**

完全に？　子孫をまったく残さずに？

そう。１種たりとも残さずに。

ぐはっ。

……なんで、イノさんがダメージを受けるのさ？

いや、代弁してみただけ。

代弁って……。次にウミユリ類。

ユリ？　古生代の海に植物の「百合」があったのか？

いやいや、百合じゃなくて、「ウミユリ」ね。見た目は植物に似ているけれど、棘皮(きょくひ)動物……ウニやヒトデの仲間。古生代後半の海底には、ウミユリがたくさん〝茂って〟

いたんだよ。

動物が「茂る」？

まあ、そこは比喩だけど。で、それほどまでに繁栄したウミユリ類が大きく数を減らした。現在でも、深海に生き残りはいるけれど、中生代以降は「茂る」というほどの繁栄はしなかった。

ぐはっ。

……他に「腕足動物」「アンモノイド類」などなどなど。挙げていくとキリがない。

ちょい待ち。アンモノ、、イドで良いのか？

ん？　良いよ。

アンモナイトではなく？

ああ、うん。そのあたりは、このあと解説するよ。

文字通り「壊滅」だ。

良かった。言い間違え（誤植）じゃないんだ。少し心配した。でさ、「81パーセント」となると、

そうだよ。そもそも、カンブリア紀からペルム紀までの、とくに海洋生物について、「古生代型動物群」という言葉があるんだ。

まあ、古生代の動物群だからそうだよな。

で、P／T境界絶滅事件後の動物群は、「現代型動物群」という。

ぐはっ。

……なぜ、今、ダメージを受けたのさ？

あ、いや、まちがった。でも、P／T境界絶滅事件後なんだから、「中生代型動物群」じゃないのか？

いや、「現代型動物群」であっているよ。つまり、およそ5億４１００万年前から現在までの生命の歴史には、大きくわけると「古生代型動物群」と「現代型動物群」があって、その切り替えのタイミングが、P／T境界絶滅事件となるわけ。

つまり、P／T境界絶滅事件は、５億４１００万年間の生命の歴史を2つにわけるほどの威力があったということか……。

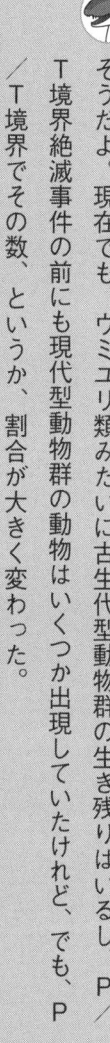

そうだよ。現在でも、ウミユリ類みたいに古生代型動物群の生き残りはいるし、P／T境界絶滅事件の前にも現代型動物群の動物はいくつか出現していたけれど、でも、P／T境界でその数、というか、割合が大きく変わった。

ぐはっ。

うん。今回の「ぐはっタイミング」は、いいね。

「いいね」って。ディメさん、冷たいな……。

はいはい。演出大事。

……。

もう少し詳しくいくよ。そんな古生代型動物群から、今日は、腕足動物とアンモノイド類に注目してみよう。

……まずは、腕足動物からいこうか。O／S境界絶滅事件、デボン紀後期絶滅事件と、それぞれの番組でも注目してきたからな。

じゃあ、その腕足動物。古生代型動物群の代表ともいえるグループだね。このグループには、いろいろな研究があって、たとえば、カリフォルニア大学のサンドラ・Ｊ・カールソンさんが２０１６年にその進化の歴史をまとめてる。そこでは、腕足動物を構成するいくつものグループがペルム紀末に絶滅していることが指摘されているんだ。Ｐ／Ｔ境界絶滅事件の前に３００属……「属」というのは、いわゆる「種」の１つ上の分類の単位なんだけれど、まあ、この場合は、ざっくりと「種類」といいかえてもいいかな……Ｐ／Ｔ境界絶滅事件の前に３００種類以上いた腕足動物は、Ｐ／Ｔ境界絶滅事件で50種類を大きく割るまで減ったんだ。

すさまじい減り方……。

そう。まさに「激減」。その後、１００種類くらいまでは回復するけれど、でも、それ以上にはならなかった。

絶滅の原因は？

うーむ。いろんな説があるから、そのあたりはのちほど。

でも、完全絶滅はしなかったんだ？

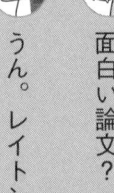

現在の海にも生きているからね、腕足動物は。生き残りに関しては、２００７年にサンディエゴ州立大学のリンゼー・Ｒ・レイトンさんと、コロラド大学のクリス・Ｌ・シュナイダーさんが２００７年に面白い論文を発表しているよ。

面白い論文？

うん。レイトンさんとシュナイダーさんが、ペルム紀中期から三畳紀中期までの腕足動物のデータを分析したところ、Ｐ／Ｔ境界絶滅事件を生き延びた腕足動物は、小柄な種が多かったんだってさ。

小柄。小さいってことが、ポイントだったということ？

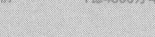

うん。小柄で、成長が遅い。そんな種たちがとくに生き延びたみたい。

どういうこと？　小さいことが大切なのか？

小柄で成長が遅いということは、あまり餌や酸素を必要としないからね。環境の変化に強くはある。

うーん。俺らって……。

うん。僕らは、時代の最大種だね。僕はペルム紀の前半、イノさんはペルム紀の後半。それぞれ時代を代表するような大型種。他の時代をみても、**大型種は環境の変化に弱い**よね。

大型化の代償ってわけか……。

うん。で、話を戻すね。今は、ペルム紀の海の話。腕足動物は、海底にいた。じゃあ、泳いでいた動物はどうだろう？　ここで、アンモノイド類の話になる。

さっきの「言い間違えじゃないよ」の話だな。これ、「アンモナイト類」なら知っているんだけど、「アンモノイド類」って、何？

「アンモナイト類」は、「アンモノイド類」の1グループだよ。アンモノイド類には、6つ……7つとしている資料もあるけれど、とにかくたくさんのグループがあって、アンモノイド類はそのうちの1つ。

うーん、ということは、アンモナイト類はアンモノイド類でもあるわけ？

その言い方をすれば、そうだね。アンモナイト類はアンモノイド類でもある。でも、アンモノイド類のすべてがアンモナイト類というわけじゃない。まあ、実際には、アンモノイド類のことを「広義のアンモナイト類」、つまり、「広い意味でアンモナイト類」と呼ぶこともあるけれど、今日は紛らわしいから、より正確にアンモノイド類とアンモナイト類を区別しておこう。

姿はどう？　アンモナイト類以外のアンモノイド類って、やっぱりアンモナイト類のように〝ぐるぐる〟してたわけ？

ほとんどの種は、〝ぐるぐる〟してた。専門家じゃないと、実際のところ、見分けがつかないんじゃないかなー。

なるほど。で、そのアンモノイド類がどうしたって？

アンモノイド類って、古生代デボン紀……ダンクルさんやイクさんのいた時代から歴史があって、ペルム紀が始まったときには3つのグループがいたんだ。ブルゴーニュ大学のアルノー・ブラヤーさんたちが2009年にまとめた論文によると、ペルム紀が始まったときの総数は、アンモノイド類全体で50属……50種類いなかった。これが、ペルム紀を通じて少しずつ数を増やしていって、最高のときには60～70種類くらいまで達したけれど、P／T境界絶滅事件の2000万年くらい前から数を減らして、そしてP／T境界絶滅事件で20種類以下にまで落ち込んだんだ。

ぐはっ。

……さっきの腕足動物のとき、それ、忘れていたでしょ。

……ぐはっ。

まあ、いいけど。

………それにしても、よく絶滅しなかったよな。あれ？　でも、アンモナイト類……「ノイド」じゃなくて、「ナイト」の方って、中生代の海では大繁栄するのでは？

そう。アンモノイド類全体が数を減らし始めた頃より少し前に、アンモノイド類の中にセラタイト類という新しいグループが現れてね。これが、P／T境界絶滅事件後にいっきに数を増やすんだ。

どのくらい？

１００種類以上！

ぐはっ。

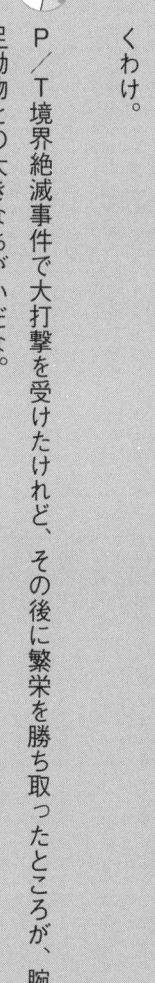

それ、使いドコロがちがってない？　まあ、いいけど。ブラヤーさんたちの論文では、その回復はＰ／Ｔ境界絶滅事件から２００万年以内だってさ。

おぉー。すごいな、それは。

で、そのセラタイト類からアンモナイト類が現れて、のちの大繁栄へとつながっていくわけ。

Ｐ／Ｔ境界絶滅事件で大打撃を受けたけれど、その後に繁栄を勝ち取ったところが、腕足動物との大きなちがいだな。

そうだね。セラタイト類が〝うまくやった〟んだと思うよ。詳しくはわからないけど。

こうなると、陸も気になるな。

僕らの世界だね。じゃあ、次のコーナーでは、陸に注目してみよう。

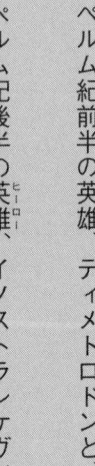

陸の被害も半端ない？

ペルム紀前半の英雄（ヒーロー）、ディメトロドンと、

ペルム紀後半の英雄（ヒーロー）、イノストランケヴィアが、楽しくお届けしているP／T境界絶滅事件です。

じゃあ、ここからは陸だ。

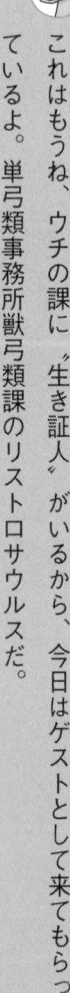

これはもうね、ウチの課に〝生き証人〟がいるから、今日はゲストとして来てもらっているよ。単弓類事務所獣弓類課のリストロサウルスだ。

どもでーす。小柄でぽっちゃり、２本の鋭くない牙がトレードマークのリストロサウルスでーす。こーる・みー・リストロ！

リストロちゃん。今日はお休みのところ、ありがとね。

おつかれさん。この話題は、やっぱりキミがいないとな。

いやいや、こんな特別番組に呼んでいただいて、ありがとうございますっ。課（グループ）はちがいますが、大先輩であるディメさんと、アタシらの課のリーダー的な存在であるイノさんと、一緒に仕事ができるなんて、感激ですっ。もう、感激しすぎて死んじゃいそう……まあ、アタシらみんな死んでますけどっ。

……元気そうで何よりだ。

リスナー（読者）のみなさんに紹介しておくと、リストロちゃんこと、リストロサウルスさんは全長1メートルほどの単弓類です。系統としては、僕よりもイノさんに近く、同じ

獣弓類に属しています。手足がちょっぴり短くて、本人が申告しているように少しぽっちゃりしています。吻部は寸詰まり。２本の牙が生えていますが鋭さはなく、僕らとちがって主食は植物です。

リストロといえば、化石産地の広さが有名だな。アジア、ヨーロッパ、南極と世界各地で発見されている。このことは、当時の大陸が合体していて１つの大陸だったんじゃないか、という説の根拠の１つになったんだ。１つの大陸で地続きだからこそ、リストロみたいな動物が世界各地に広がることができた、というわけ。……まあ、リストロをみて、海を渡るような泳ぎが得意な体型とは思えないもんな。「歩いて世界各地に拡散」は、ごく普通の理論展開といえるだろうな。

そうなんです。アルフレッド・ウェゲナーさんというホモ・サピエンスの方が「大陸移動説」でアタシを紹介してくれたんで、一部界隈では、実は知名度があるんですよー。

ひょっとしたら、知名度は俺より上かも。

いやいや、そんな……でも、ひょっとしますかね？

僕より上かも。

そりゃー、ないでしょ。

うん。ディメさんを知らないホモ・サピエンスさんが、リストロを知っているとは思えないな。

そう？　へへへ。

で、もう一つ、大切なことがある。今日、リストロに来てもらった理由でもあるんだけど、コイツは、Ｐ／Ｔ境界絶滅事件を乗り越えているんだ。

おーすごい。

ディメさん、見かけによらないと思ったでしょ？

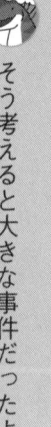

いや、そんなことないよ？

なぜに疑問形？　でも、まあ、そうなんです。生き延びても、三畳紀には滅んじゃいましたが、P／T境界絶滅事件を乗り越えた数少ない陸上脊椎動物の1つなんですよー。

同じ獣弓類なんだけどな。俺らはダメだった。

イノさんとその近縁のみなさんは、残念でしたね。アタシと近縁のみんなは生き延びて、その中にやがて哺乳類さんが誕生しましたっ。……ま、その哺乳類さんは、しばらくは小さな種ばかりで、K／Pg境界絶滅事件までは、陸の主役は恐竜類さんなんですけど。

そう考えると大きな事件だったよね。

そうだなあ。もしも、Ｐ／Ｔ境界絶滅事件がなければ、単弓類の繁栄がずっと続いた可能性がある。実際には、Ｐ／Ｔ境界絶滅事件があったから、主役の座は単弓類から恐竜類……より正確にいえば、爬虫類（はちゅうるい）へと移り変わった。そして、**単弓類は長い長い雌伏の時間に入るわけだ。**

ペルム紀の陸で何があったのだろう？

いろんな研究がありますね。たとえば、オレゴン大学のグレゴリー・Ｊ・レタラックスさんたちが２００６年に発表した研究では、陸上生物に確認できる絶滅は、Ｐ／Ｔ境界であるおよそ２億５２００万年前だけではなく、その７００万年ほど前にもあったとしています。その２回の絶滅で、植物が大きく変化したそうですよ。

植生が変化したってことは、気候が変化したってことかな。

そうみたいです。

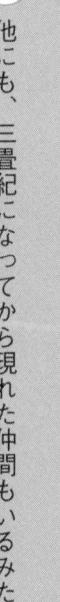

気候の変化かぁ。まあ、生きづらいよね。

アタシの仲間についても、南アフリカ国立博物館のジェニファー・ボータさんと、南アフリカ博物館のロジャー・M・H・スミスさんが2007年に、興味深い研究を発表しているんですよ。

興味深い？

そう。実は、アタシと同じ名前をもつ仲間（リストロサウルス属）って、いくつかの種がいるんですけど、その中の2種は同じ地域に暮らしていたはずなのに、1種はP／T境界絶滅事件で滅んで、1種はP／T境界絶滅事件を乗り越えたんですって。

へぇー、同じ地域で暮らしていたのに？

他にも、三畳紀になってから現れた仲間もいるみたい。

P／T境界絶滅事件を乗り越えただけじゃなく、三畳紀になってからも出現したのか。
なんと、しぶとい一族（リストロサウルス属）……。

でも、どうして同じ地域に暮らしていた仲間で生存に差が出たり、過去に絶滅した種がいたり、三畳紀になってから現れる種が出たりしたんだろ。同じ名前をもつ仲間（同属）ってことは、姿は似てるんでしょ？

よーく似ています。まあ、サイズはちがいますけど。ボータさんとスミスさんの論文では、アタシたちのいろんな生態に触れていますね。

生態？

はい。どの種が、というわけではないのですが、穴を掘って暮らしていたり、半水棲（はんすいせい）だったり、いろんな生態があったのではないか、と。

つまり、よく似た姿をしていても、生態がちがっていて、それが絶滅を左右したり、三

畳紀での出現につながったりしたってことか……。**いろんな生態をもっていたことが、結果として、P／T境界絶滅事件を乗り越えることにつながったのかもな。**

はい。そのあたり、詳しい研究はまだまだこれからでしょうけれど。アタシをよーく分析することで、P／T境界絶滅事件を〝生き残るための条件〟がみえてくるのかもしれません。やー、なんか恥ずかしい。えへっ。

……。

………。うん。次にいこう。他の研究も紹介して。

じゃあ、側爬虫類（そくはちゅうるい）さんたちの話。フンボルト博物館のマーク・J・マクドゥガルさんたちが2019年に発表した研究がありましてっ。

爬虫類さんたちは、この時代は僕らほどは目立った繁栄はしていなかったよね？

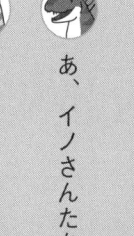

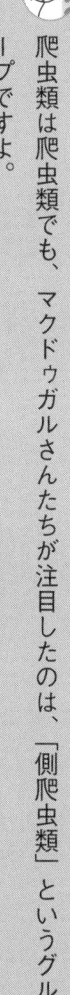

でも、単弓類ほどじゃないけれども、それなりの数はいたし、なかには全長数メートル級の大型種もいたぞ。うん。おいしかった。

あ、イノさんたちの獲物だったんだ。

爬虫類は爬虫類でも、マクドゥガルさんたちが注目したのは、「側爬虫類」というグループですよ。

側爬虫類？

うーん。詳しく解説すると長くなっちゃうから、今日のところは、そういうグループの爬虫類だと思ってください。マクドゥガルさんたちの研究によると、側爬虫類さんたちもペルム紀を通じて数を次第に増やしていたみたいです。ペルム紀末にはピークに達していたと。しかし、直後にまずは、姿形の多様性がいっきに減少したらしいです。

姿形の多様性？

つまり、P／T境界絶滅事件あたりで側爬虫類さんたちは「似たような姿の種ばかりになった」ということですかね。

それ、やばくないか。似たような種ばかりじゃ、何かあったときにまずいはず。まあ、リストロみたいなのもいるけど。

まさしく。実は、P／T境界絶滅事件で絶滅した「種の数」そのものはそれほど多くはなかったようなのですが、でも、**姿形の多様性が減ったのちは急速に種の数も減っていくらしい**です。

やっぱり。

イノさんの指摘した通りですね。ちなみに、イノさんがいっていた「全長数メートル級の大型種」みたいなのは、P／T境界絶滅事件で滅んでいます。P／T境界絶滅事

件では、側爬虫類さんを構成していたグループの多くが消えたようです。

そして、三畳紀になって、別の爬虫類グループが栄えていくわけか。恐竜とか。

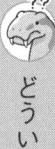

もう1つ、こういう話は、知ってます？　P／T境界絶滅事件が発生したとき、赤道付近の陸上脊椎動物が少なくなったという話。

どういうこと？

赤道やあのあたりが暑くなりすぎて、陸上脊椎動物が少しでも涼しい中緯度、高緯度へ避難したんじゃないかって、こと？

そうです。ディメさんのいう通り。

いや、でも、それは難しいだろ？　**「避難」が難しいわけじゃなく、「避難を証明することが難しい」という意味だけどな。**単純に、化石がみつかっていないだけじゃないのか？　化石が含まれている地層って、偏りがあるだろ。１つの時代の地層が、世界中に同じように広がっているわけじゃないし、化石のみつかりやすさも、実際に含まれている量もちがいがありすぎる。

そうだよ。Ｐ／Ｔ境界絶滅事件が起きたときに赤道付近の陸でできた地層が現代にあまり残っていないだけじゃないの？

さすが、おふたりは鋭い。まさしく、そんな意見もあります。〝赤道からの避難〟は、「見かけ上」ではないか、って指摘ですね。で、イタリアの科学博物館のマッシーモ・ベルナルディさんたちが、化石や地層のデータなどを統合して調べた研究を２０１８年に発表しているんです。

ふむ。なるほど。地層のデータは考慮に入れたわけだ。

で、分析の結果、**〝赤道付近からの避難〟はたしかにあったらしい**です。

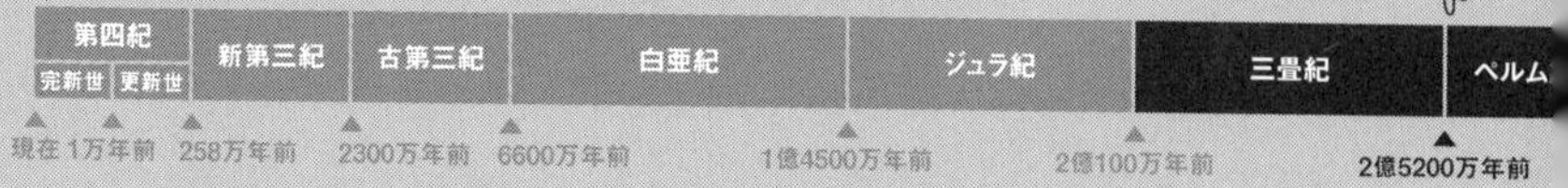

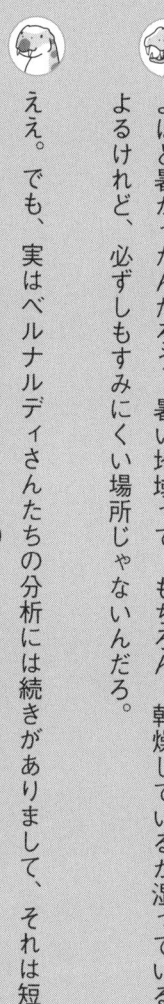

へぇ。やっぱり暑かったから？

気候の話はあとで、ということでしたけど、これは1つの論文の中で続きがしっかりとあるので、話を続けますね。そう、ベルナルディさんたちの分析結果は、「赤道域の暑さから逃げるなら、こう」と予想されたシミュレーション結果と一致するそうです。

よほど暑かったんだろう。暑い地域って、もちろん、乾燥しているか湿っているかによるけれど、必ずしもすみにくい場所じゃないんだろ。

ええ。でも、実はベルナルディさんたちの分析には続きがありまして、それは短期間だったらしいです。三畳紀が始まって70万年以内にその〝避難〟は終了し、その後はむしろ、大陸全土に動物たちが広がっていったとされています。

70万年以内って、現在の〝常識〟から考えるとすごく長いけど、地球の歴史や生命の歴史からすると、すごく短い期間だね。

ベルナルディさんたちは、「それほど顕著な避難じゃないかもよ」としています。あ、もちろん、これは意訳ですけど。

短期間でも、何かしら大きな変化があったのはたしかなのか。

うん。じゃあ、ここで休憩を挟んで、次からいよいよ絶滅の原因にせまっていこう。

リストロはどうする？　台本だとここで帰ることになってるけど……。どうせ、このあとは暇だろ？

？　暇ですけど。

このあともスタジオにいる？

いいんですか？

いいよ。じゃあ、引き続き、3種で話を続けていこう。

あー、いてもいいけど、リストロちゃんのギャラは出ないからね。

出ないんですか！

何が世界を変えたのだろう？

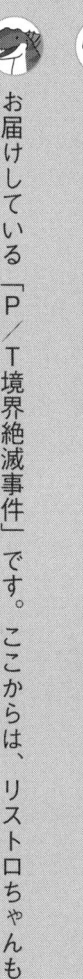

お肉大好き単弓類、ディメトロドンと、

お肉大好き単弓類、イノストランケヴィアと、

お肉大嫌い単弓類、リストロサウルスが、

お届けしている「P／T境界絶滅事件」です。ここからは、リストロちゃんもゲスト

あつかいではなく、司会の一員として加わってもらいます。

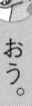

ノーギャラですけどね……。

あとで、飯に連れてってやるよ。

お、本当ですか。あ、でも、肉は嫌ですよ。

街に古生物に人気の酒場があるらしい。そこに連れていってやる。

やたっ。

えーっと、獣弓類たちの話がまとまったところで、番組を進めたいと思います。進めるよ、イノさん、リストロちゃん。

おう。

よろしくお願いします。

ちなみに、僕はその酒場にいったことがあるよ。

あるんかい！

へぇー。それは、楽しみです。

さて、ここからは、いよいよ絶滅の原因にせまっていこう。動物群を根こそぎ変えるような大事件。その事件はなぜ起きたのか？

ざっくりとまとめると、海でも陸でも大絶滅が起きた。海では、長い歴史をもつ動物グループが激減した。ただし、グループによっては、P／T境界よりも少し前から数が減り始めていた。

陸でもP／T境界で、動物の大きな入れ替えがありました。ひょっとしたら、ものすごく暑くなっていた可能性もありますね。これは、ひょっとしたら、ですけど。

うん。で、最初にいっておくと、絶滅の原因に関する「定説」はまだない。

ない？

これまでの番組でもやってきたけど、原因に関しての「定説」と呼べるくらい「有力な説」があるのは、「K／Pg境界絶滅事件」くらいだよ。

そうみると、「K／Pg境界絶滅事件」って、すごいんだな。情報が多い。

ほんとですね。ところで、「K／Pg境界絶滅事件」といえば、「P／T境界絶滅事件」も巨大隕石（いんせき）の衝突ってことは、ないんですかっ？

その可能性も指摘されているけれど、でも、決定的な証拠であるクレーターが発見されていない。それに、隕石衝突からつながる気候の変化は、寒冷化といわれている。

「衝突の冬」って言葉があるくらい寒くなる。さっきの**〝あまりにも暑いので、赤道付近から避難〟と矛盾**する。

「O／S境界絶滅事件」で話題になった〝海から酸素が消えた〟って話は？

少なくとも深海の酸素が、長期にわたって消えていた可能性は高いみたい。さまざまなデータによって裏付けられているらしい。**でも、なぜ、海の酸素が消えたのか、海の変化がどうして陸に影響したのかがわかっていない。**

たしかに。海の酸素が消えるって、海の動物たちには大事件ですけど、それだけでは陸で暮らすアタシたちがダメージを受ける理由がわかんないです。

じゃあ、火山の大規模噴火は？　たしか、他の大量絶滅事件でも話題に挙がっていたと思うけど？

うん。それは注目されているよ。ちょうどこのときに、シベリアで大規模噴火があっ

た。だから、**大規模噴火説はかねてより注目を集めている**みたい。

あ、でも、大規模噴火説でも、気候の変化は寒冷化か。

ところが、そうでもないって指摘もあるんだ。シベリアのマグマって、さらさらしていて、あまり細かな塵（ちり）を大気中に散らばらせなかったかもしれないらしい。すると、むしろ、**火山から噴き出た二酸化炭素や水蒸気で、地球の気候が温暖化に向かった可能性もある。**

おー。

まあ、二酸化炭素も水蒸気も強烈な温室効果ガスだからな。

そう。で、このことは、陸の動物たちの〝赤道付近から避難〟とつながる。

……しかし、海の動物たちとの関係は？　海から酸素がなくなっていたんだろ？

そうなんだ。大規模噴火説だけでは、海の変化は説明することは難しい。

うー、難しいなぁー。

全部まとめて説明しちゃおう、っていう仮説も2000年代に、東京大学の磯崎行雄（いそざきゆきお）さんによって提唱されているよ。

ほう、全部。

……難しい話にならないですよね？

細かいところまで説明すると難しいかもしれないけれど……リストロちゃんは、地球に磁場があるって知ってる？

磁場？　磁石がつくっているバリアみたいなものですか？

うん。まあ、イメージとしては、そんなところ。じゃあ、そのバリアはどうしてできるかは？

やっぱり難しい話だ。うーん、知りませんっ。

たしか、外核が対流しているからじゃなかったか。地球の核って中心にある「内核」と、そのまわりにある「外核」にわかれていて、その外核はたしか液体で、動き回ることで磁力を発生させている……という話じゃなかったかな。

おー、だいたいあってる。

さすが、イノさん。

まーな。でも、これは、一般教養だぞ。

磯﨑さんの仮説だと、まず、その外核の回転が乱れて、地球の磁場が弱くなった。

え？　磁場って、地球を守ってくれているんじゃないのか？　弱くなるというのは、まずくないか？

うん。弱くなったことで、宇宙線が大気のある程度まで進入してくるようになった。すると、雲が増えた。

宇宙線で雲が？　どうして？

まあ、そのあたりは専門的な話なので、今回はそういうことが起きた、として進めさせて。雲が増えると……。

寒冷化が起きる。日光が遮られるから。

そう。寒くなった。絶滅につながるよね、これ。

いや。でも、さっきまで、温暖化の話をしていませんでした？

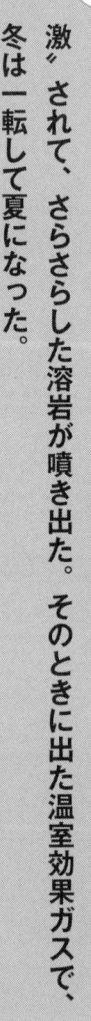

まあ、聞いて。外核の回転を乱したのは、地球内部……マントル内の大きな変化だった。その余波で、地球内部からとてつもなく熱い塊が上がってきた。この塊が地球表面に達し、大規模噴火を起こして、ますます寒くなる。

また寒く？

そう。まずは、よくいわれている**「火山の冬」が起きた。でも、この塊に〝刺激〟されて、さらさらした溶岩が噴き出た。そのときに出た温室効果ガスで、冬は一転して夏になった。**

急な気候変化か。それは辛い。

温暖化が起きると、海の水の流れが鈍くなるといわれているんだ。とくに上下の流れが。つまり、温暖化が起きると、上下方向に海がかき回されにくくなる。

酸素が深海にまで届きにくくなる。なるほど、これで、海の無酸素の話も説明できる

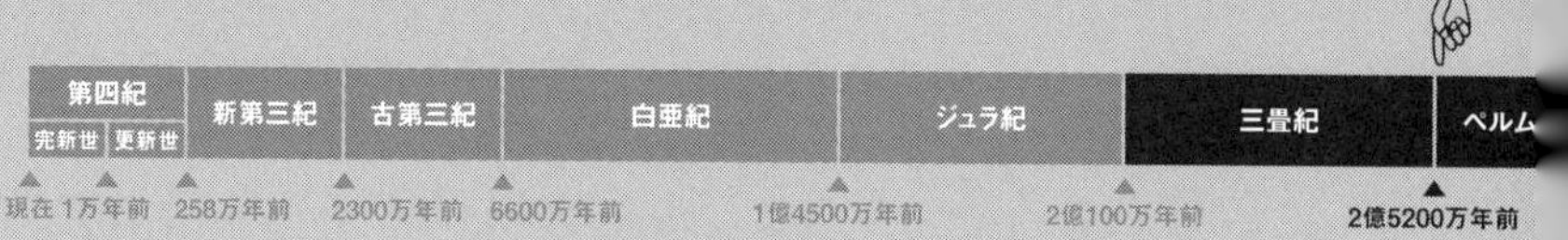

というわけか。

で、それが起きたのが、およそ2億6000万年前。

あれ？「P／T境界絶滅事件」が起きたのって……

およそ2億5200万年前じゃなかったか？

うん。実は、P／T境界の800万年前にも絶滅事件があったんだ。これは、P／T境界よりも前に、一部の動物が姿を消していた、っていう話とも一致するところがあるんだよ。

つまり、「P／T境界絶滅事件」は2段構えだったということ？

うん。これも、「実は」な話なんだけど、さまざまな化石のデータが二段構えを示してはいるんだよ。

で、肝心のP／T境界絶滅事件の方の原因は？　シベリアの溶岩の話って、およそ2億5200万年前の方ですよね？

そう。およそ2億6000万年前の方の溶岩は、中国南部で噴き出たんだ。こちらは、シベリアほど大規模じゃない。2回目のシベリアの方が、「地球内部から上がってくるとてつもなく熱い塊」が大きかった。……というよりも、むしろ、こちらが本体。1回目は先陣って感じかなぁ。ともかく、これが1回目のときと同じことを、より大規模に引き起こした。

つまり、**寒冷化が起きて、温暖化が起きた。**

そう。この「地球内部から上がってくるとてつもなく熱い塊」のことを「プルーム」と呼ぶことから、この仮説は「**統合版プルームの冬仮説**」と呼ばれている。まぁ、今日は簡単にまとめたので、詳しくは資料を読んで欲しいかな。

これで簡単ですか……。アタシでも読めそうな本、ありますか？

本じゃないけど、『日経サイエンス』で、磯﨑さん協力の記事としてまとまっているよ。初出は、２０１３年10月号。２０１９年に刊行された別冊の『進化と絶滅』にも収録されている。

『日経サイエンス』ですね。あとで読んでみます。

まあ、でも、最初にいったように、「P／T境界絶滅事件」に「定説」と呼べるような有力な仮説はまだない。次は、そのあたりを少し詳しくみていこうか。

大規模噴火をめぐって

「P／T境界絶滅事件」のかなり前に姿を消した、ディメトロドンと、

「P／T境界絶滅事件」のあたりで姿を消した、イノストランケヴィアと、

「P／T境界絶滅事件」を乗り越えた、リストロサウルスがお届けしています。

あれだな。こうしてみると、「P／T境界絶滅事件」について「有力な仮説はまだない」って、ディメさんがいったけれど、でも、大規模噴火が〝肝〟になりそうな気がする。

さっきも、大規模噴火の話はいくつも出ましたものね。

レスター大学のアンディ・サウンダースさんとマーク・ライコーさんが２００９年にシベリアの大規模噴火についてのいろいろな情報をまとめた論文を発表しているよ。この論文によると、このとき噴き出た溶岩は、５００万平方キロメートルに広がっていると見積もることができるんだって。

５００万……。

ちょっと広すぎて予想がつかないです。東京ドーム何個分ですか？

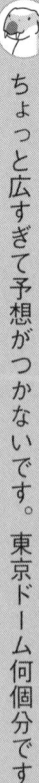

東京ドームどころか。日本の面積がおよそ38万平方キロメートルだから……そのおよそ13倍だよ。

日本13個分……。

日本が埋まるどころじゃないな。

厚いところでは、12キロメートルもの厚さがあって、

え？

ちょ？

体積はおよそ3000万立方キロメートルに達すると計算されている。

……

……。

おーい。聞いてる？

いや、正直、でかすぎてピンとこないです。

厚さ12キロメートルって……富士山を縦に４個分くらいか。

とんでもなさすぎですよっ。

そりゃあね。何しろ、「史上最大」「空前絶後」の大絶滅に関係しているってんだから、それくらいの規模はある。で、この論文でも指摘されているのは「寒冷化」と「温暖化」。**この噴火で、大量の塵と二酸化炭素が噴き出て、塵の方は短期的な寒冷化を招き、二酸化炭素の方は長期的な温暖化を招いただろう、**ってさ。

しっかし、そんな大規模な噴火が本当に起きるものなのか？

そうですよねー。今さらながら、そこまで〝強烈〟だと、真偽のほどが疑わしくなってきます……。

まあ、何回もいっているように、「P／T境界絶滅事件に定説と呼べるような有力な仮説はまだない」からねぇ。でも、シベリアの大規模噴火そのものについては、いくつも証拠が出ていて……たとえば、東北大学の海保邦夫さんたちが、２０２０年に「大規模噴火の証拠を発見した」という論文を発表しているよ。

証拠？

溶岩以外に？

溶岩はもうみつかっているからね。それ以外。海保さんたちが注目したのは、「コロネン」だって？

コロネン？

どことなく美味しそうですね。

美味しそう？

いや、そんな響きじゃありません？　コロネン。

そりゃ、「コロネ」だ。ホモ・サピエンスさんたちに人気のパンだね。「チョココロネ」とか。

……で、コロネンって何だ？

ざっくりいえば、〝そういう構造の分子〟。

分子……また、ずいぶんと小さいな。

うん。その小さな分子を検出したらしい。で、これができるのに、とてつもない熱エネルギーが必要なんだって。**考えられるのは、マグマか、あるいは、隕石衝突のときの熱。**隕石衝突はクレーターがみつかっていないから……。

なるほど。マグマの大量放出があったというわけか。

うん。絶滅事件のタイミングで、コロネンの濃集層がみつかったんだって。しかも、発見されたのは、中国とイタリアの地層からだって。

シベリアから離れていますね。

シベリアで噴き出たマグマからコロネンが大気中に放出されて、離れた場所まで届いたというわけだね。つまり、シベリアの大規模噴火の影響は、世界各地にわたっていたということ。

分子レベルからみえてくるって、すごいな。

石炭紀	デボン紀	シルル紀	オルドビス紀	カンブリア紀
900万年前	3億9500万年前	4億1900万年前	4億4400万年前	4億8500万年前　5億4100万年前

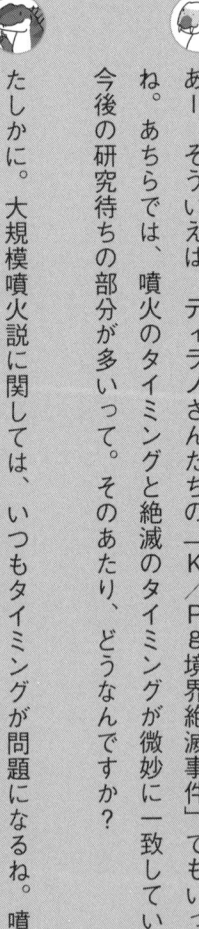

海保さんたちの論文では、水銀が地層に濃集していることも指摘されている。水銀も火山噴火で出てくるらしいよ。コロネンと水銀の両方がたくさんみつかる地層が２つあって、２つ目の地層ができたとき、つまり、２回目のときの方が濃集が大きかったってさ。これは、他の研究とも一致しているね。**噴火は２回あった。その２回で、動物たちは絶滅に追い込まれていった、**というわけさ。

しかしその噴火は、本当に絶滅の時期と一致していたのか？

あー、そういえば、ティラノさんたちの「Ｋ／Ｐg境界絶滅事件」でもいってましたね。あちらでは、噴火のタイミングと絶滅のタイミングが微妙に一致していなくって、今後の研究待ちの部分が多いって。そのあたり、どうなんですか？

たしかに。大規模噴火説に関しては、いつもタイミングが問題になるね。噴火の時期と大量絶滅の時期は一致していたのか。噴火が気候変化のきっかけになって、絶滅を招いたとするなら、少なくとも絶滅よりもあとに噴火してちゃだめだ。でも、まあ、そのあたりについては、いろいろな研究が発表されている。たとえば、２０１５年には、

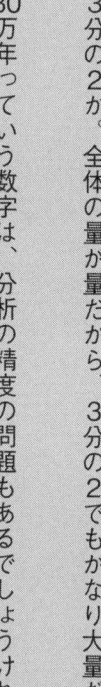

マサチューセッツ工科大学のセス・D・バージェスさんとサムエル・A・ボーリングさんたちが、シベリアの溶岩の複数の場所からサンプルを採ってきて、その年代を分析している。その研究によると、溶岩の3分の2は、大量絶滅が発生する前の30万年間か、あるいはそれよりも前に噴き出た可能性が高いみたいだ。

3分の2か。全体の量が量だから、3分の2でもかなり大量だな。

30万年っていう数字は、分析の精度の問題もあるでしょうけれど、かなり短い期間ですよね。……アタシたちの〝常識〟でいえば、ですけど。

うん。少なくとも、2回あったとされる絶滅の2回目にかなり近い。「2回目よりも後ろではない」ということもポイントで、バージェスさんとボーリングさんも、「シベリアの大規模噴火が大量絶滅のきっかけになったんじゃないか」って指摘している。

かなり〝カタイ説〟となっているわけだ。

でも、その大規模噴火による超寒冷化からの超温暖化でしたっけ……その急激な気温の変化だけで、陸で7割以上、海でも8割以上の動物が滅ぶもんですかね？　なんか、連鎖的に他にも発生していたんじゃないですか？

おー、リストロちゃん、鋭いね。うん、そういった研究はいくつも出ているよ。たとえば海保さんたちが、２０１６年に発表した論文がある。

海保さん？　どこかで出てきませんでした、その名前？

コロネの人か！

コロネン、ね。コロネは、パン。イノさんまで何をいってるの。

あれ？

でも、そう。２０２０年にコロネンの研究を発表した海保さんは、その4年前に〝絶滅の連鎖〟に関する研究を発表している。

どんな内容？

まず、**最初の火山活動で、大気中にばらまかれた〝塵〟によって、日光が遮られて植物が育たなくなった。**気温が高かろうが低かろうが、日光がないと植物は光合成ができないからね。

たしかに。

植物が枯れると、植物の根っこで支えられていた土壌が雨で流されやすくなる。

あー、土砂崩れ絡みの話で、そんなことを聞いたことがあるかもしれない。

土壌ってのは、含まれている栄養がとても高い。**結果として、土壌が流れこんだ浅海は生物が増える。**生物が増えると酸素を大量に使うから……。

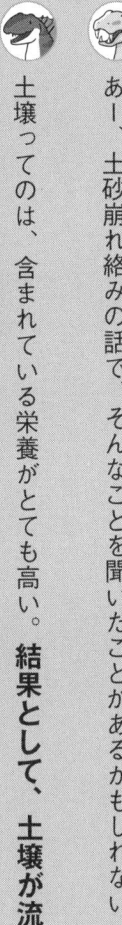

石炭紀	デボン紀	シルル紀	オルドビス紀	カンブリア紀

2億9900万年前　3億5900万年前　4億1900万年前　4億4400万年前　4億8500万年前　5億4100万年前

酸素が逆に足りなくなるってわけか。

栄養は増えたのに、酸素がなくなって、辛いぃ。

そして、発生したのが、最初の絶滅。一方、温暖化によって海水温が高まると……。

海流の上下方向の流れが弱くなる、ですね。

深海に酸素が届かなくなるんだったよな。

そう。その結果、**深海の酸素が減って、絶滅が起きる。**これが2回目の絶滅ってわけさ。

たしかに、連鎖的に起きていますね。ホモ・サピエンスさんたちの世界で、なんか、こうした考え方をいいかえていたような……。

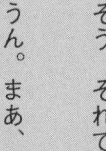

「風が吹けば桶屋が儲かる」か？

そう、それです。

うん。まあ、実際には「P／T境界絶滅事件に定説と呼べるような有力な仮説はまだない」だからね。でも、わかっていることは確実に増えてきていて、謎解きの手がかりは増えている。だから、今後も注意してみていかないと、だね。

あれ？　ディメさん、イノさん、なんか、ディレクターさんが何かいってません？

おっと、だいぶ時間が押しちゃったか。

ここらで、最後のコーナーにいかないと、だな。

〝うんこ〟からわかる復活

ディメトロドンと、

イノストランケヴィアと、

リストロサウルスの〝三人衆（単弓類三種）〟がお届けしてきた「P／T境界絶滅事件」です。

最後のコーナーだな。

あっという間でしたね。細かい話もありましたが、リスナー（読者）のみなさん、ついて来られてますかね？

最後は、「絶滅からの復活」がテーマ。少し〝柔らかいお話〟なので、あと10ページ、おつきあいくださいね。

で、「復活」というと？

たしかに「史上最大」といわれるほどのダメージ。当時の生態系は、よくその状態から復活しましたよね。

うん。でも、時間はかかった。

そりゃそうだ。「絶滅事件がありました」が、「翌年には、別の生態系が新しくできました」というわけにはいかないよな。で、中生代の新しい生態系ができるまでにどのくらいの時間がかかった？　1万年？　10万年？

うん。いろいろなデータがあるけど、最後の話題として紹介したい数字は、５００万年かな。

ぐはっ。

あ、それ、覚えていたんだ。

……。

……。

正解には、「500万年以内」だけどね。これ、うんこの化石から指摘されている数字なんだ。

うんこ？

うんこ？

そう。うんこ。ふん。くそ。排泄物(はいせつぶつ)……あ、お食事中のみなさん、すみません。

えっと、その、う○(ピー)こも化石になるのか？

お、「ピー」が入った。うん、う○こも化石になる。もちろん、骨や殻といった硬いものよりも化石になりにくいけれど、何しろ数が数。動物1個体が生涯に出す量を考えれば、確率は低くても、う○こも化石になる。これを「コプロライト」というんだ。

それって、汚くないんですか？　臭かったり？

ぜーんぜん。石のように硬くなっているし、無臭。いろんな動物のコプロライトが発見されているよ。

へぇー。

で、今回紹介したい話のコプロライトは、東京都市大学の中島保寿さんと千葉大学の泉賢太郎さんが２０１４年に報告したもの。宮城県北部で、三畳紀前期……「Ｐ／Ｔ境界絶滅事件」からおよそ５００万年後の海でできた地層からみつかったんだって。

お、なんと日本か。

そう。日本でみつかったコプロライトだよ。60個以上がみつかって、大きなもので7センチメートルサイズ。内部に脊椎動物の骨の破片が含まれていて、楕円形や紡錘形だったことが、ポイントだね。

どういうことですか？

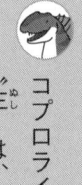

コプロライトの内部に脊椎動物の骨の破片があるということは、そのコプロライトの“主”は、脊椎動物を食べていたってこと。これは、オーケイ？

まあ、そこまではわかります。

楕円形や紡錘形って形は、脊椎動物のコプロライトの形とされているんだ。

え、う〇こって、動物によって形がちがうのか？

いや、イノさん。せっかく、「コプロライト」という言葉があるんだから、そちらを使

いましょうよ。オブラートに包んで。

あ、そうか。ん。お食事中のみなさま、失礼いたしました。コプロライトって、動物によって形がちがうんでしょうか？

なぜ、口調まで変わるのさ？

つい。

まあ、でも、そう。コプロライトのサイズや形で、ある程度までは〝主(ぬし)〟を特定できる。今回は、脊椎動物のものとされているんだ。

……ということは、そのコプロライトは、脊椎動物が脊椎動物を食べて出したものということですか？

そういうこと。サカナかもしれないし、当時、台頭してきていた魚竜類と呼ばれる海棲爬虫類かもしれない。どんな種類の動物のものかはわからないけれど、脊椎動物が脊椎動物を食べて出したものである可能性が高い。

でも、それって普通のことじゃないです？

そうだよ。普通のことだ。その「普通」が大切なんだ。

あ、そうか。なるほど。

え、どういうことです？　イノさんはわかったんですか？

生態系の話だろ？

おー、さすが。トップ・プレデター。

ディメさんもトップ・プレデターだろ。

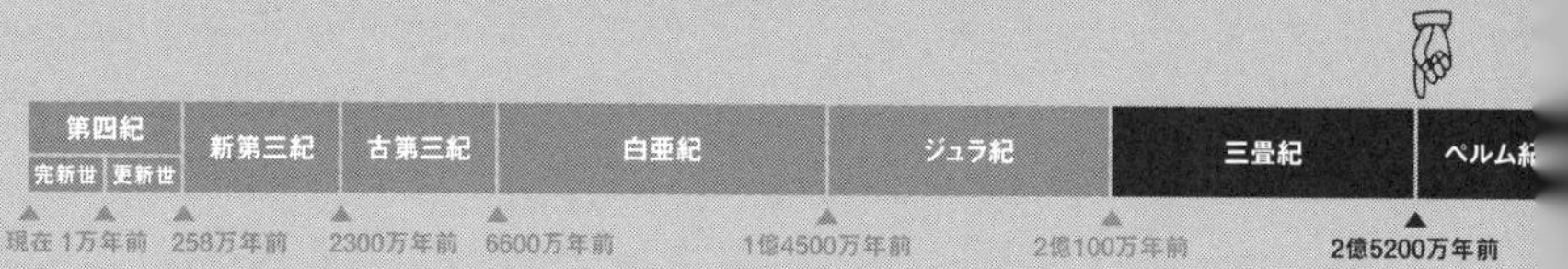

ま、そうですね。

えー、肉食さんたちでズルイです。

つまりな、生態系というものは、弱いものからつくられていくんだ。弱いものを食べる強いものが出現して、その強いものを食べるより強いものが現れる。弱いものほど数が多く、強いものほど数が少ない。

こうしてできるのが「生態ピラミッド」だよ。

で、脊椎動物は、その生態ピラミッドの上の方に君臨している。基本的に脊椎動物を食べる脊椎動物の出現は、生態ピラミッドの構築で最後のステップだ。

じゃあ、**〝脊椎動物が脊椎動物を食べる「普通」〟が確認できたということは**……。

そう。**生態ピラミッドができあがっていた。**この場合は、そこまで「回復していた」ということになる。その回復にかかった時間は、５００万年以内。「以内」というのは、それよりも古い「脊椎動物が脊椎動物を食べて出したコプロライト」がみつかっていないから。今後の発見次第で、もっと短くなる可能性もある。

なるほどー。でも、５００万年って、ハンパないですね。長すぎ。

やはり一度、大ダメージを負うと、復活するのも大変、ということだね。ちなみに、復活にかかる時間はいろいろと発表されているけれど、「５００万年」という数字は、長い方じゃないよ。

ぐはっ。

おー、良いタイミングで「ぐはっ」が出た。では、イノさんが最後にうめいてくれたので、「Ｐ／Ｔ境界絶滅事件」のお話はここまで。

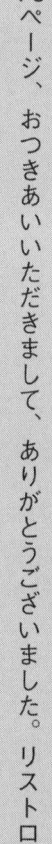

ぐはっ。70ページ、おつきあいいただきまして、ありがとうございました。リストロも、急に振った出演だったのに、ありがとな。

いえいえ。楽しい時間でした。

えーっとこの次は？

「T／J（ティー／ジェイ）境界絶滅事件」だね。三畳紀末の事件だ。

なんと！　三畳紀って、始まりと終わりに大量絶滅事件があったんですね。

その意味では、なかなか珍しい時代だよね。マストドンサウルスさんとオドントケリスさんがお届けします。

お楽しみに！

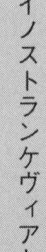

それでは、「P／T境界絶滅事件」。担当は、ディメトロドンと、

イノストランケヴィアと、

リストロサウルスでしたっ。

また、どこかでお会いしましょう！

第5章
三畳紀からジュラ紀へ。また発生した大絶滅

9900万年前	石炭紀	3億5900万年前	デボン紀	4億1900万年前	シルル紀	4億4400万年前	オルドビス紀	4億8500万年前	カンブリア紀	5億4100万年前

こんばんは。マストドンサウルスです。

こんばんは。オドントケリスです。みなさん、起きていますか？

だいぶ夜もふけてきましたね。お仕事・お勉強、おつかれさまです。

〝5大絶滅事件プラス1〟についての1日。5番組目。ここからは、「T／J（ティージェイ）境界絶滅事件」についての番組です。

大量絶滅に挟まれた時代

司会のマストドンサウルスです。両生類事務所からやってきました。全長6メートルほどです。その長さの5分の1は頭。下顎の先端にある牙は口を閉じると上顎を突き抜けます。

僕は、オドントケリス。カメ類事務所の古参です。全長40センチメートルほど。カメですが、甲羅は腹側にしかありませんし、カメですが、口には歯があります。他のカメのようなクチバシではありません。で、マストさん……ぬるっと始めたところですが、いきなり聞いて良いですか?

？　どうぞ。

「上顎を突き抜けます」って、それ、痛くないんですか?

大丈夫よ。ほら。孔が開いているでしょ。この孔から出るの。このように。

なるほど。よくできていますね。

ありがと。さて、私たちが生きていたのは、三畳紀という時代です。およそ2億5200万年前から2億1000万年前までの5000万年間。「恐竜時代」として有名な中生代をつくる3つの時代の最初。「T／J境界絶滅事件」の「T」は、「三畳紀」の英

語読みである「Triassic（トライアシック）」の頭文字ね。

「T／J境界絶滅事件」の「J」は、三畳紀の次の時代である「ジュラ紀」の英語読み、「Jurassic（ジュラシック）」の頭文字です。ジュラ紀の次が、最初の番組であつかった「白亜紀」ですね。

先ほどのディメトロドンさんとイノストランケヴィアさん、リストロサウルスさんが担当した「P／T（ピーティー）境界絶滅事件」は、三畳紀の始まりを告げる事件でした。つまり、三畳紀は始まりと終わりに大量絶滅事件があったことになります。

……なるんですが、わからないことがたくさんあります。

そうなのです。たとえば、これまでの番組で絶滅率を紹介してきたスタンレーさんの論文では、「T／J境界絶滅事件」の絶滅率は触れられていません。

でも、絶滅がなかったというわけではないんですよ。たとえば、早稲田大学の平野弘（ひらのひろ）

道(みち)さんの著書『絶滅古生物学』では、海の動物３００科のうち、20パーセント以上が絶滅した、と紹介されています。

平野さんによると、計算の仕方によってちがうみたいね。**「ビッグ・ファイブ」と呼ばれる5つの事件の中では、第2位の規模とするケースがある一方で、第4位の規模ともされる**そうよ。私たちの時代ながら、難しい時代ね。

まさしく、ですね。では、最初のコーナーでは、いったい何が起きていたのかをみていきましょうか。

地域差があった？

両生類だけど、カエルさんたちとはまったくちがうグループに所属するマストドンサウルスと、

カメだけど、背中に甲羅のないオドントケリスがお送りしている「T／J境界絶滅事件」です。

三畳紀末の大量絶滅事件で「何が起きていたのか？」にせまっていきましょう。

さて、どこから手をつけていきますか。

平野さんが『絶滅古生物学』で筆頭に挙げているのは、アンモノイド類の変化ね。

アンモノイド類……「広い意味のアンモナイト類」ですね。たしか、「P／T境界絶滅事件」でも大打撃を受けたと、ディメトロドンさんたちが話していた気がします。

その通りよ。「アンモノイド類」という大きなグループ全体は、「P／T境界絶滅事件」で大きなダメージを受けたの。でも、アンモノイド類をつくるいくつかのグループの中で、「プロレカニテス類」と「セラタイト類」だけがP／T境界絶滅事件を乗り越えたわ。もっとも、プロレカニテス類はすぐに絶滅しちゃうのだけど、セラタイト類は

三畳紀の海で栄えたの。

「T／J境界絶滅事件」では、そのセラタイト類に何かあったのですか？

何かも何も……セラタイト類が滅びたのよ。

おっと。せっかく史上最大の絶滅事件を生き延びたのに……。

そうね。でも、絶滅する前にセラタイト類から「アンモナイト類」が生まれてね。

こちらの「アンモナイト類」は、「狭い意味のアンモナイト類」ですね？

そう。厳密な意味のアンモナイト類ね。このアンモナイト類がT／J境界絶滅事件を乗り越えて、ジュラ紀と白亜紀の海で大繁栄することになるの。

首の皮一枚つながって、それが成功した、というわけですかね。アンモノイド類

カンブリア紀 5億4100万年前 | オルドビス紀 4億8500万年前 | シルル紀 4億4400万年前 | デボン紀 4億1900万年前 | 石炭紀 3億5900万年前 | 2億9900万年前

以外はどうでした？

フンボルト大学ベルリンに所属するウォルフガング・キースリングさんたちが化石のデータを２００７年にまとめたところ、海底に暮らす動物たちも大きなダメージを受けていたみたいよ。

やはり海洋動物に大きな影響があったのですね。

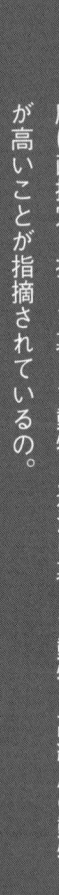

キースリングさんたちの研究では、一言で「海底」といってもちがいがあって、サンゴ礁みたいなところに暮らす動物、沿岸に暮らす動物、低緯度の動物たちの方が、海底に直接穴を掘って暮らす動物、遠洋に暮らす動物、高緯度の動物たちよりも絶滅率が高いことが指摘されているの。

どこでも同じように滅んだ、というわけではないということですか。

どうもそうみたい。こういう研究もあるわ。２０１１年にブリストル大学のフィリッ

パ・M・ソーンさんたちが発表した研究だけど、海棲爬虫類、とくに、魚竜類に大きな影響があったと。

魚竜類？　あの、イルカみたいな姿をしたグループですか？

そう。その魚竜類。三畳紀には、魚竜類以外も、いくつかの海棲爬虫類がいたわ。日本で有名なクビナガリュウ類の近縁グループも。そうした海棲爬虫類の多くは、「T／J境界絶滅事件」で大ダメージを受けるのだけれど……魚竜類が一番深刻だったみたいなの。

深刻？　絶滅寸前まで追い込まれたとか？

まあ、「種の多様性」というレベルで打撃を受けたのはたしからしいけれど、それよりも**「形の多様性」への影響が大きかった**らしいわ。

形？　でも、こういうと、魚竜類さんたちに怒られそうですが、彼らはみんなよく似

ていませんか？　イルカ型というか……。

三畳紀の魚竜類さんの姿って、単純なイルカ型だけじゃなくて、ぽっちゃりしたタイプやほっそりとスリムなタイプもいて、結構、華やかだったのよ。それが、ジュラ紀になると、みんな似通った……それこそイルカ型だけになってしまったというわけ。

それって……イルカ型が優れているから残ったということですかね？

ソーンさんたちは、魚竜類が〝画一的な生態〟になったと指摘しているわね。

「画一的」って、難しい言葉が出てきましたね……。

「特徴がなくなった」といいかえると、いいすぎかしら。三畳紀の魚竜類って、どこかに隠れて獲物が来たら急加速で接近して襲いかかる種（コ）も、泳ぎ回って襲う種（コ）もいたのよ。貝殻を食べる種（コ）も、魚を食べる種（コ）も、プランクトンを食べる種（コ）もいたわ。でも、ジュラ紀になると、獲物をあまり選べなくなって、魚やイカ、イカに似た姿の頭足類

だけになったみたいなの。

食べ物の選択肢が減ってしまった、ということですかね。

ジュラ紀の海にもいろいろな動物がいたから「選択肢」という言い方は少しちがうかもしれないわ。でも、そうね。誤解を恐れずにいうなら、「好き嫌いが激しくなった」というべきかな。**三畳紀の魚竜類は、ある意味でなんでも食べるトップ・プレデターだった**わ。私は直接会っていないけど、それはそれは恐ろしい存在だったと聞いたことがあるし……。でも、**ジュラ紀の魚竜類はそうじゃない。獲物が限定されているというのは、トップ・プレデターとはいえない。**ジュラ紀の海の世界では、トップの座は他の動物たちが担うことになるのよ。

好き嫌いをするようになって、トップの座を追われることになった？

まあ、〝好き嫌いの話〟は、あくまでもソーンさんたちの研究の話だけれど、でも、**絶滅事件によって、トップの交代があること自体は珍しくない**わ。これまでの番

組に出てきた「P/T境界絶滅事件」や「K/Pg境界絶滅事件」でも陸の生態系に起きているし。「P/T境界絶滅事件」では単弓類が、「K/Pg境界絶滅事件」では、恐竜類がトップの座を追われているわ。

大量絶滅事件が発生すると、トップ・プレデターの交代が起きることが多いんですかね。その2つの絶滅事件と同じと聞くと、なんとなく、「T/J境界絶滅事件」の絶滅の規模がわかるような気がします。

一方、三畳紀の陸に関しては、こういう研究もあるわ。ユニバーシティ・カレッジ・ダブリンのクレア・M・ベルチャーさんたちが発表したグリーンランドの研究では、当時、森林火災がよく起きていたみたい。

え？ なんですか、それ。怖いですね。

気候の変化にともなって、植生が変化していたそうね。植物には〝燃えやすい植物〟と〝燃えにくい植物〟があるの。三畳紀末になって〝燃えやすい植物〟が多くなって

いたと指摘されているわ。

森林火災が起きやすい、って森林の生き物には辛いですよね。

その通りね。実際、現代のオーストラリア大陸などでは森林火災が頻発していて、そこで暮らす生き物に大きなダメージを与えているようだし。

現代のオーストラリア大陸の火災は、温暖化が関係していると報道されていますね。

ホモ・サピエンスさんの報道番組などをチェックしてみると、温暖化と乾燥化を森林火災と関連づけている例は多いわね。ベルチャーさんたちも、三畳紀末の森林火災の原因として、二酸化炭素の増加、つまり、温暖化があった可能性を指摘しているわ。

温暖化……。温暖化が森林火災を促し、最終的には大量絶滅事件を招いたということでしょうか。

うーん。そのあたり、まだ断言できないみたい。たとえば、リーズ大学のポール・B・ウィグナルさんとジェド・W・アトキンソンさんが2020年に発表した研究によると、三畳紀末の大量絶滅事件は2回とされているの。

2回？　それは、「P／T境界絶滅事件」と同じような感じでしょうか？

「P／T境界絶滅事件」の「2回の絶滅」は、数百万年以上の間隔が開いていたけれど、「T／J境界絶滅事件」の場合は、**数十万年ぐらいの間隔で起きた**みたい。

それは……ずいぶんと短い間隔ですね。

そうね。しかも面白いことがあって……。

面白い？

ええ。この2回の絶滅の「間」は地域差が大きかったみたいなのよ。

？　2回の絶滅の「間」に「地域差」ですか？

そう。いくつかの地域では、1回目の絶滅のあとに生態系は回復していたけれど、いくつかの地域ではその回復はなかったみたい。**絶滅の規模も、回復の規模も地域によってちがいがある**みたいよ。

なんと複雑な……。でも、結局、どのパターンでいっても、2回目に滅んでいったということでしょうか。

「結局、最後は」という点は同じなのだけれど、地域や海域によって、あるいは、生物群によって、その数十万年の歴史はちがったみたい、ということかしらね。

その……ウィグナルさんとアトキンソンさんは、原因には言及されていないんでしょうか。

おそらく火山活動であろうと、されているわね。

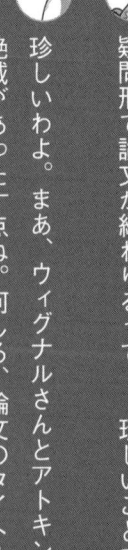

火山活動。これまでの番組でもいくつか出てきたお話ですね。

そうね。論文では、火山活動に関係して、海から酸素が消えたり、海が酸性化したり、温暖化が進んだり、そうした可能性を指摘しているのだけれど、いずれも「議論の必要がある」としているの。

つまり、よくわかっていない、と。

そうね。それに自分たちで火山活動の可能性に触れていながら、「**なぜ、大規模な火山活動が100万年に満たない期間で2回も発生したのか?**」**という疑問文で論文を終わらせている**わ。

疑問形で論文が終わりるって……珍しいことですよね?

珍しいわよ。まあ、ウィグナルさんとアトキンソンさんの論文のポイントは、「2回の絶滅があった」点ね。何しろ、論文のタイトルからして、「A two-phase end-Triassic mass extinction」というぐらいだから。

「三畳紀末大量絶滅の2段階」ですか……。

まあ、絶滅の原因に関しては、次のコーナーでしっかりやるから、このコーナーでは、もう1つ、別の視点の研究を紹介させて。

お、まだあります？

オドくん、「カーニアンたうじしょう」って、知ってる？

「カーニアン」は……たしか時代名ですよね。三畳紀の「後期」は3つにわかれていて、古い方から「カーニアン」「ノーリアン」「レーティアン」と呼んでいる……と記憶しています。カーニアンの年代は、たしかおよそ2億3700万年前から……えっと、どのくらいまででしたっけ？

およそ2億3700万年前からおよそ2億2700万年前ね。

で、「たうじしょう」って？

「多い雨」と書いて、「多雨」。「出来事」を意味する「事象」で「多雨事象」ね。

字面からすると、雨が多かったということでしょうか？

そう。**世界中で200万年にわたって、雨が多かったらしい**わ。

200万年間ですか。それは長いですね。

そう。長いのよ。そして、2020年に熊本大学大学院の冨松由希さんたちが論文を発表していてね、カーニアン多雨事象の引き金は火山活動だったと指摘しているの。

雨のきっかけが火山、ですか。

ええ。それまでも、三畳紀後期に火山活動があったことは知られていたのだけれど、多雨事象と同時期だったのか、多雨事象よりも前だったのか、あとだったのかがよくわかってなかったの。でも、冨松さんたちの研究によって、火山活動の活発化は多雨事象よりも早く始まって、多雨事象と火山活動の活発化がともに起きていた時期もあるみたい。

なるほど。ん？　でも、カーニアンって、三畳紀後期の一番最初の時代ですよね。

そうよ。

年代は、たしか……およそ2億３７００万年前からおよそ2億２７００万年前。

そうよ。

三畳紀末って、およそ2億１００万年前。

石炭紀	デボン紀	シルル紀	オルドビス紀	カンブリア紀

9900万年前　3億5900万年前　4億1900万年前　4億4400万年前　4億8500万年前　5億4100万年前

そうよ。

三畳紀末の大量絶滅事件と、カーニアン多雨事象って何か関係あります？

正直、わからないわ。カーニアン多雨事象が盛んに起きていたのは、カーニアンの半ばあたりだから、三畳紀末までまだ２０００万年以上の時間があるし……。

わからないって……。

注目されている話ではあるのよ。カーニアンという時代は、恐竜類の最初の多様化が起きた時期なの。「Ｔ／Ｊ境界絶滅事件」で大きく変わったことの１つに動物群の変化があってね。三畳紀に支配的だった偽鰐類（ぎがくるい）……「偽の鰐（わに）」という文字が入ってるけれど、このグループそのものは、ワニ類の祖先とその近縁の仲間たちで構成されているわ。その偽鰐類がジュラ紀になると内陸地域では衰退していって、かわりに恐竜類が内陸地域で存在感を増してくるの。だから、多雨事象が恐竜類の多様化となんらかの形で関わっているのなら、「Ｔ／Ｊ境界絶滅事件」ともなんらかの関わりがあった……

かもしれないのよ。

マストさん……。

何？

「なんらか」とか「かもしれない」とかが多い話ですね……。

しょうがないじゃない。でも、ほら、ここでも火山活動という話が出てきたでしょ。

そうですね。そこは興味深いです。これまでの番組を振り返っても、大規模な火山活動が気候を変え、生態系を変えていったという話はよく出てきました。火山活動によって、長期にわたる雨が降る、という因果関係が証明されたのだとしたら、他の絶滅事件でも同じようなことが起きていたのかもしれませんね。

そう。その意味でも、冨松さんたちのこの研究は、「大規模な火山活動がいったい何を引き起こすのか」ということについて知る手がかりになるかもしれないわ。

なるほど。理解しました。「T／J境界絶滅事件」に直接関わっているのかはわかりませんが、番組のテーマを考えれば、知っていてもおかしくない話です。

でしょう？　では、そろそろ次のコーナーに移りましょうか。次は、「T／J境界絶滅事件」の絶滅の原因にせまってみましょ。

火山噴火？　それとも海洋酸性化？　あるいは隕石衝突？

現在の両生類さんたちとはつながりません、マストドンサウルスと、

現在のカメ類の祖先に近いとされています、オドントケリスが、

お届けしている「T／J境界絶滅事件」です。

さて、ここからは、絶滅の原因に注目していきたいと思います。……思うのですが、これまでみてきただけでも、その難解さが伝わってきそうです。

そうね。とても複雑で謎が多いといえるわ。でも、その中でも存在感を放っているのが……。

大規模火山活動ですね。

そう。だから、まずは、大規模火山活動について、いくつかの研究を紹介していきましょう。

わかりました。最初はどなたの研究から?

2010年にジュネーヴ大学のブレア・ショーネさんたちが発表した研究からいきましょう。この研究では、大規模火山活動のタイミングについて調べられているの。

タイミング！　そうですね。大規模火山活動に関しては、これまでの番組でもタイミングが問題になっていました。少なくとも、大規模火山活動が絶滅よりも遅ければ、絶滅のきっかけになったとはいえませんもんね。

その通り。**大規模火山活動を原因とする説を採用する場合は、「第一に」といっても良いぐらい、「いつ噴火したのか」が重要になってくる**の。

あれ？　でも、そもそも「Ｔ／Ｊ境界絶滅事件」の付近で、大規模火山活動があった証拠があるんでしたっけ？

ショーネさんたちが注目したのは、大西洋の中央付近の海底ね。ここには、２５０万立方キロメートル以上の溶岩があるらしいわ。

へぇー、２５０万。……って、どのくらいですか？

いや、立方キロメートル、つまり「体積」って、比喩が難しいのよね。現代日本の東京にあ

る東京ドームの体積は124万立方メートルらしいけど……。

東京ドームは124万。あれ？　大西洋の溶岩って、あまり量が多くないですね。東京ドーム2杯分くらい……。

オドくん、ちゃんと私の話を聞いていた？　大西洋の中央付近にある溶岩の量は、250万立方キロメートル以上。東京ドームは、124万立方メートルよ。

おっと。単位がちがいました。僕としたことが。……えーっと、1立方キロメートルは、10億立方メートルだから……おろ？

そうでしょう。ちょっと、ピンとこないくらい大きくなるのよね。

あ、じゃあ、アレで考えるとどうです？　琵琶湖（びわこ）。日本で暮らすリスナー（読者）の方にはわかりやすいかもですね。

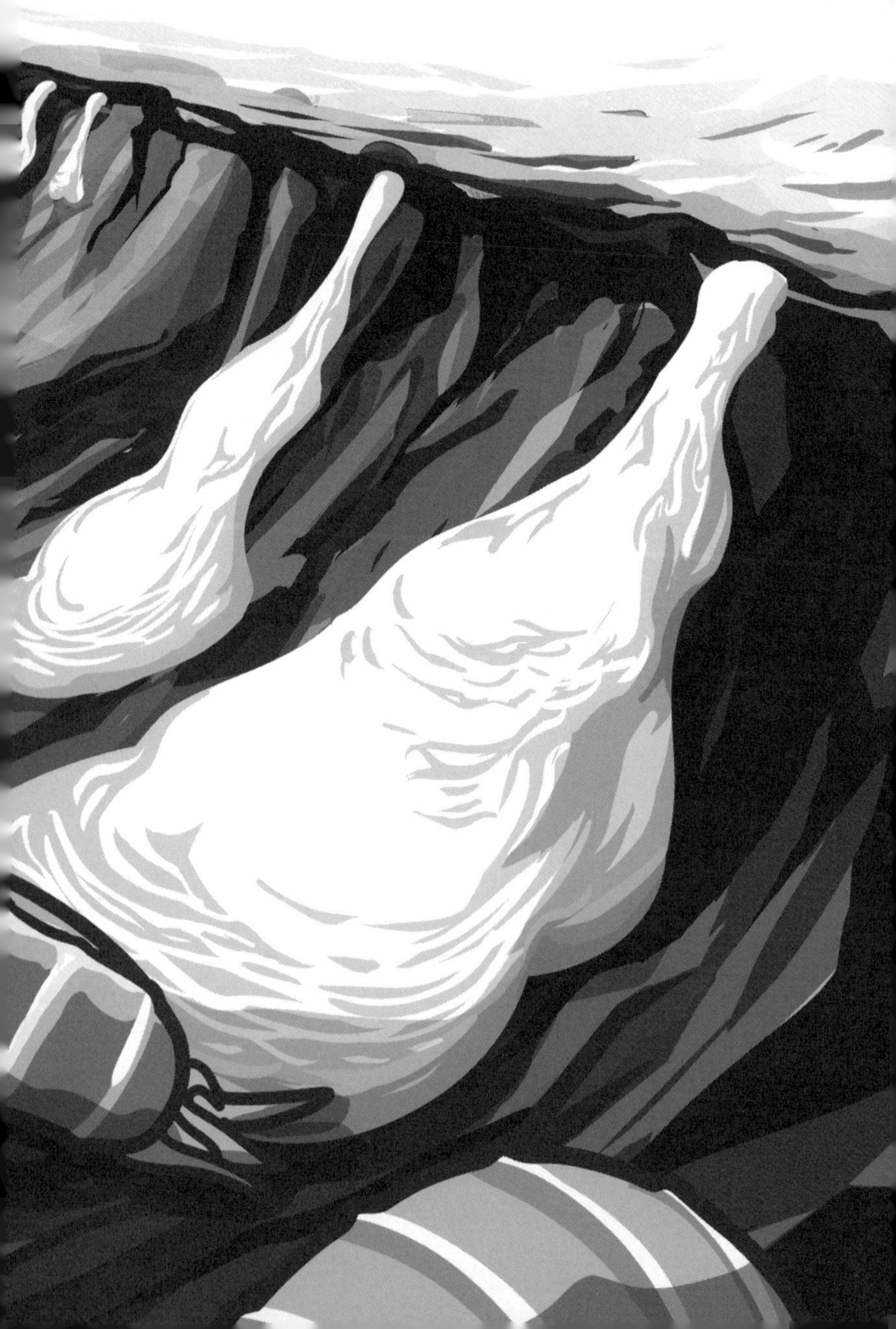

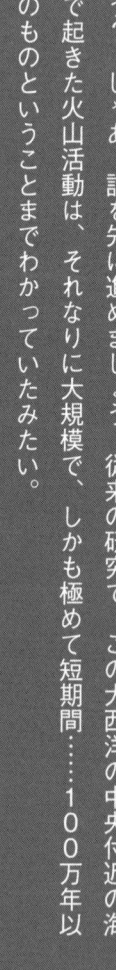

えっと、琵琶湖の貯水量は、滋賀県のホームページをみれば良いかしら。……あら、ありがとう。スタッフさんが調べてくれました。27・5立方キロメートルだって。

すると、250万割る27・5で……。

約9万倍ね。琵琶湖9万杯以上の溶岩ということになるかしらね。

……琵琶湖でもスケール比較になりませんね……。まあ、でも、なんとなく「すごい量だ」ということはわかってきました。

そう？　じゃあ、話を先に進めましょう。従来の研究で、この大西洋の中央付近の海底で起きた火山活動は、それなりに大規模で、しかも極めて短期間……100万年以内のものということまでわかっていたみたい。

でも、タイミングまで絞り切れてなかった。

そう。そこで、ショーネさんたちが詳しく調べて、大量絶滅事件の15万年以内に起きていたことまで絞り込んだのよ。

かなりの精度まで絞り込めたのですね。もう、これは、「大規模火山活動が大量絶滅事件に関係していた」って断言しても良いレベルでは？

まあ、そのあたりの判断は専門家にしかできないけれど。でも、シェーンさんたちの研究では、当時、急激な寒冷化があったことも指摘しているわ。寒冷化があり、そして、温暖化もあった。つまり、**気候の大きな変化が短期間にあったらしい**の。その「短期間」という時間も見積もられていて、29万年以内だって。

これはまた、短い時間ですね。ホモ・サピエンスさんたちからみれば、長い時間にみえるかもですが……。

地球史レベルでみた時間、誤差をともなう精度の問題、それらをまとめて考えてみると、本当に「短い」といって良いでしょう。個人的には、この場所にも注目したいの。

場所ですか？　大西洋中央？

だって、三畳紀が始まったときは、大陸がすべて地続きだったじゃない。そして、三畳紀の終わりが近づくと徐々に分裂が本格化していく。大西洋は、まさにその分裂の場所。「T／J境界絶滅事件」の原因が、大陸の分裂にともなう火山活動だとしたら、なんだかロマンを感じない？

ロマンですか？　いや、たしかに面白そうとは思いますが……。

もう。ノリが悪いわね。まあ、いいわ。じゃあ、大規模火山活動に関する次の研究を紹介しましょう。タイミングに関しての研究は、ショーネさんたちのものだけじゃないの。2013年には、マサチューセッツ工科大学のテレンス・J・ブラックバーンさんたちも大西洋の中央付近の海底から噴き出た溶岩の年代を精査しているわ。

ショーネさんたちの研究とは、手法がちがうんですかね？

そう。使っている同位体がちがうんだけど……詳しく説明するには、もう時間がそんなにないのよ。

前のみなさんが、尺を取りまくりましたしね。

だから、ここは結果だけ。ブラックバーンさんたちの研究では、大西洋の中央から溶岩が噴き出し始めたタイミングは、およそ2億１５６万年前らしいの。

２億１５６万年前……たしか、Ｔ／Ｊ境界は、およそ2億１００万年前だから……。

より正確にいえば、Ｔ／Ｊ境界は「およそ2億１３０万年前」よ。

どっちにしろ、ものすごくピンポイントですね。しかも、**「少し早い」というタイミング。大量絶滅のトリガーと考えるには、なんというか、ちょうど良い**ですね。

まさにそう。しかも、ブラックバーンさんたちの研究では、その後、60万年の間に合計4回の大規模火山活動があったとしているの。

T／J境界を超えて続いていたということですね。

大規模火山活動が繰り返される中で、生態系は少しずつ回復していたのかもしれない。そう、ブラックバーンさんたちは書いているわ。

やはり、これはもう、大規模火山活動があった、ということで確定にして良いんじゃないんですか？

オドくんは、せっかちね。そんなに確定したいの？　でも、残念。論文によっては、大規模火山活動のピークは大量絶滅よりもあとだった、という指摘もあるのよ。

絶滅よりもあと……。絶滅の原因ではなかった、ということでしょうか。

たとえば、２０１７年にジュネーヴ大学のＪ・Ｈ・Ｆ・Ｌ・デイヴィスさんたちが発表した研究でもそのことは指摘されているわ。

そんな論文もあるんですね……。じゃあ、確定は無理ですか。

でもね。

でも？

デイヴィスさんたちの研究は、大規模な「噴火」こそ引き金にはならなかったけれど、海底下の「マグマ活動そのもの」は、大量絶滅事件の少し前か、あるいは、同時期に活発化していたと指摘しているわ。

しかし、海底下でいくらマグマがアグレッシブに動いていても、噴火しないのならば、意味がないのでは？

そこは微妙なところだけれど……でも、その熱を受けてさまざまなガスが大気中に放出されていたかもしれない。デイヴィスさんたちは、タイミングから考えても、**このマグマ活動そのものの活発化が、……噴火ではなくて活動ね……その活発化が、地球の気候を変えて、大量絶滅を引き起こしたのじゃないか、**って指摘しているわ。

うーん。大規模噴火がないのに、気候の変化ですか……。

納得いかないかもしれないけれど、大規模噴火があったかどうかは別としても、水銀の濃集があったとする指摘もあるの。

水銀ですか？　……あ、たしか、ディメトロドンさんたちの番組でも出てきたような。

出てきたわね。こちらは、２０１７年に、オックスフォード大学のローレンス・Ｍ・Ｅ・パーシヴァルさんたちが発表した研究なんだけどね。火山活動の際にガスとなって放出された水銀があって、それがやがて、堆積して地層中に濃集した。そのピークが絶滅のタイミングと一致するようなの。

つまり、火山活動が絶滅のトリガーとなったことを支持するわけですね。

その通り。

まだまだ研究を進めなくてはいけない部分が多そうですが、大規模火山活動……「噴火」ではなく「活動」……が、絶滅のトリガーと考えて良い気もしますが……あと、僕は別にせっかちじゃないですよ。リスナー（読者）のみなさんの心の声を代弁しているだけで。

そう？　でも、他にも仮説がいくつかあるから、紹介しておくわ。

他の仮説があるのですか？

たとえば、チューリッヒ大学のミヒャエル・ハウトマン博士たちは、「海洋酸性化が原因じゃないか」って、指摘する論文を２００８年に発表しているわ。

海洋酸性化……。原因は？

二酸化炭素の急激な増加があったらしいの。短期間ではあったけれど、海が酸性化した痕跡が確認できたというのよ。

それって、現代の海でも起きているっていわれません？

そう。現代の海でも起きていることよね。それが当時も起きていた。**海洋酸性化が進むと、酸に溶けやすい殻をもつ生物が大きなダメージを受けて、生態系が壊れてしまう。**大量絶滅につながっていったとしても、不思議じゃないわ。

なるほど。二酸化炭素の増加。海洋酸性化。これも怖い話ですね。

でも、なぜ、二酸化炭素の増加があったのか。そのきっかけを考えると、やはり火山活動は有力よね……。

ほら、やっぱり！

でも、他にも隕石（いんせき）の可能性もあるのよ。２０１２年、鹿児島大学の尾上哲治（おのうえてつじ）さんたちが岐阜県の地層から、２０１３年には九州大学大学院の佐藤峰南（さとうほなみ）さんたちが岐阜県と大分県の地層から隕石衝突の証拠を報告したの。

岐阜県と大分県？　え？　日本に隕石が落ちていたのですか？　しかも、２か所に？

ちがうわよ。「隕石衝突の証拠」といっても、クレーターとは限らないわ。尾上さんたちが報告したのは、白金族という元素の濃集で、佐藤さんたちが報告したのは、オスミウムね。

白金族？

通常は、地球表層にほとんどない元素よ。それが濃集していたのは、隕石がもたらしたから、と尾上さんたちは指摘しているわ。ちなみに、クレーター自体は、カナダの北部にあるみたい。

なるほど。オスミウムというのも、似たような感じですか？

佐藤さんたちは、オスミウムの量から、衝突した隕石の大きさを推測しているわ。最大で直径7・8キロメートルだって。

7・8キロメートルというと……現代日本の新宿駅と上野駅の直線距離くらいですかね？

よく知っているわね。もうちょっと長いと思うけれど、でも、結構、大きいでしょ？

大きいですよね。たしか……「K／Pg境界絶滅事件」の隕石が直径10キロメートルだったような。10キロメートルは、たしか、高田馬場駅と品川駅の直線距離くらいですよね？

……ほんと、よく知っているわね。

そうですか？　で、両方とも、山手線の内側のお話なので、隕石としては近いサイズですよね。これはもう、有力じゃないですか？

ところがね、この隕石が落ちてきたのは、およそ2億１５００万年前とされているの。

おっと。絶滅時期よりもかなり早いですね。

そうなのよ。１５００万年近い差があるから、さあ、大量絶滅にどのように関係したのか。そこが課題ね。もっとも、この点に関しては、尾上さんたちが２０１６年に新たな研究を発表しているわ。その研究によると、アンモノイド類、放散虫、コノドントが隕石衝突の直後に数を減らしていたらしいの。

アンモノイド類と……「放散虫」と「コノドント」ってなんです？

石炭紀	デボン紀	シルル紀	オルドビス紀	カンブリア紀

9900万年前　3億9500万年前　4億1900万年前　4億4400万年前　4億8500万年前　5億4100万年前

放散虫は、動物プランクトンね。顕微鏡がないと見分けられないほど小さいけれど、化石に残りやすいの。コノドントも、この場合は、海にいた動物と考えて良いはず。

つまり、海棲動物の絶滅は、Ｔ／Ｊ境界よりも前だった、ということですか？

尾上さんたちの研究によると、**絶滅は3段階あったらしい**の。隕石衝突をきっかけとした1回目がおよそ2億１５００万年から2億１４００万年前に起きた。アンモノイド類も放散虫もコノドントも、まず、このときに数を減らした。次におよそ2億６０００万年前～2億５０００万年前の海洋無酸素事変で、放散虫とアンモノイド類が数を減らした。そして、Ｔ／Ｊ境界であるおよそ2億１００万年前の火山活動で3グループともいっきに数を減らした。

なんと3段階！　そのすべて理由がちがうということですか。

放散虫に関しては、隕石衝突後に新たなグループが出現して、従来のグループを〝圧迫〟していった可能性も指摘されているわ。

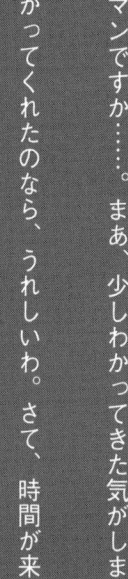

三畳紀後期って、なんだかとても〝不安定な時代〟だったんですね……。

そうね。「カーニアン多雨事象」も三畳紀後期だし……。ホモ・サピエンスさんたちの研究が進めば、もっといろいろなことがわかってくると思うわ。

時代的にも、超大陸の分裂、恐竜さんたちの台頭など、いろいろとありますしね。

そう。ロマンのある時代なのよ。

ロマンですか……。まあ、少しわかってきた気がします。

わかってくれたのなら、うれしいわ。さて、時間が来たみたいね。リスナー（読者）のみなさん、41ページにわたっておつきあいいただきまして、ありがとうございました。

お、もう終わりですか。深夜のおつきあい、感謝いたします。

いわゆる「ビッグ・ファイブ」でいえば、5番組が終わったところで、ここで終幕となるはずですが……。

まだ、続くんですよね。さっき、ケナガマンモスさんとスミロドンさんが手を振って、隣のスタジオに入っていきましたね。

そう。せっかく、ホモ・サピエンスのみなさんに聴いて（読んで）いただいているので、〝みなさんに関係した絶滅の話〟もお届けします。

最後の番組は、およそ1万年前に起きた絶滅にフォーカスを当てましょう。司会は、ケナガマンモスさんとスミロドンさん。みなさん、チャンネルはそのままで。

T／J境界絶滅事件、お相手は、マストドンサウルスと、

オドントケリスでした。

第6章

人類が関与？ 1万年前の大絶滅

おはようございます。ついに、〝5大絶滅事件プラス1〟も最後の番組となりました。最後は、更新世末に起きた絶滅事件について。司会のケナガマンモスです。

おはよーっす。まあ、まだ日の出までは時間があるけどなっ。俺もこの番組をやらせてもらうことになったわ。「サーベルタイガー」の代名詞、スミロドンだぜ。

スミロドンくん……こんな時間にテンション高いですね。

そう？　だって、トリだよ。トリ。アゲていかなくて、どーするの。

最後の番組は、単弓類事務所からきた哺乳類の私たちがお届けします。

最後まで、しーっかりとつきあってくれよな。

冷え込んだ地球と大型哺乳類の時代

ケナガマンモスです。「ケマンモス」とも呼ばれています。実は、どちらも芸名（和名）で、正式には、「マムーサス・プリミゲニウス」というのが私の名前です。「マムーサス」の一員で、とくに北半球の北の方で栄えました。日本でも、北海道にいましたよ。

スミロドンだ。でも、さっき言ったように、「サーベルタイガー」の方が通りが良いかな。サーベルタイガーって、他にもたくさんいたけれど、でも、「1種類だけ名前を挙げろ」といわれれば、まあ、俺だよね。

私たちは、およそ2300万年前に始まった新第三紀という時代に登場したのだけれど、とくに繁栄したのは、およそ258万年に始まった第四紀の更新世という時代。およそ1万年前まで続いた、この更新世が「繁栄の時代」です。

寒かったけどなっ。

そう。更新世はとても寒い時代でした。気温がぐっと低下して、「氷期」と呼ばれる寒い時期が繰り返しやってきました。とくに高緯度地域は氷と雪で覆われて……そして、時々その寒気が緩んで「間氷期」になった。そんな時代です。

更新世ってのは、大型の哺乳類が多かった時代でも知られてる。ケナガマンモスさんだって、肩までの高さが3・5メートルもあるんだぜ。

まあ、「3・5メートル」って、いうほど大きくはないんですけどね。現在のアフリカにいるアフリカゾウさんとくらべてとりわけ大きいというわけではありません。

今のゾウの仲間は、限られた地域にしかいないじゃん。当時は、あちこちにケナガマンモスさんの仲間がいたよ。

マムーサスの仲間ですね。他にも、ゾウの仲間は、各地にいました。日本でも、私と同じくらいの大きさのナウマンゾウさんがいましたし。それに、私たちの仲間だけが大きかった、というわけではありませんよ。

そうだな。幅3メートルのツノをもっていたオオツノジカや、口先から尾の先までの長さが6メートルもあったオオナマケモノなど、大きなヤツが多かった。

アルマジロの仲間にも、口先から尾の先までの長さが3メートルもある種がいたし、口先から尾の先までの長さが1・2メートルというジャイアントなビーバーさんもいました。肉食さんたちも、スミロドンくんをはじめとして、比較的大きなからだをもった種が多かったと思います。

獲物が大きければ、俺らも大きくなるってもんよ。

でも、そんな**大型の哺乳類のほとんどは、更新世が終わるとともに姿を消しました。**

およそ1万年前のことだ。

前置きが長くなりましたが、私たちの番組が取り上げるのは、更新世末の大型哺乳類

を襲った絶滅事件です。

これまでの5番組とはちょっと毛色がちがうから、注意が必要だぞ。

はい。更新世末の絶滅事件は、「ビッグ・ファイブ」と呼ばれる大量絶滅事件とは別モノです。あくまでも、大型哺乳類の絶滅が中心。全地球的に、いろいろな動物群にわたる大規模な滅びがあった事件ではありません。

でも、やっぱり、「絶滅」をテーマにしたからには、更新世末の絶滅事件をあつかわないわけにはいかないだろ……っていうのが、俺ら古生物からのアドバイスだ。

そうですね。何しろ、**更新世末の絶滅事件には、リスナー（読者）のみなさんの祖先、つまり、ホモ・サピエンスが関わっていた**とされています。現在の地球でも、多くの動物が絶滅しています。その絶滅を「第6の大量絶滅事件」と呼ぶこともあるみたいですが……その前に、まず、更新世末の絶滅事件を知って欲しいと思います。その意味で、今回はあえて「5大絶滅プラス1」として番組を編成してきました。何卒、ご

理解ください。

人類によるオーバーキル？

ケナガマンモスです。永久凍土から化石がみつかります。

スミロドンだ。ロサンゼルスの街中から化石がみつかるぜ。

この番組は、更新世末の絶滅事件を紹介しています。……さて、スミロドンくん。

はいよ。

更新世末の絶滅事件の原因について、どのような仮説があるのかを知っていますか？

まあ、まずは、**人類が狩り尽くした**、という仮説だよな。

いわゆる「過剰殺戮説（オーバーキル）」ですね。

主に狩られていたのは、植物食の哺乳類な。ホモ・サピエンスが登場したのは……。

最新の仮説だとおよそ31万5000年前ですね。

それから、あっという間に賢くなって、武器ももつようになって、火もあつかうようになって。聞いた話だと、ケナガマンモスさんたちはとくに狩られていたみたいじゃないすか。

まあ、私のように大きなからだの場合、1頭から得られる肉の量も多くなりますから。皮は服の材料になりますし、牙は針などにも加工できますし、骨も家の材料に使われましたっけ。

まさに、余すことなく、だな。だから狙われたわけだ。この1例だけをみても、「過剰殺戮説」が有力といえるだろ、リスナー（読者）のみんな。

そうですね。もう少し客観的な視点からみると……たとえば、「脊椎動物の化石の教科書」ともいえる『VERTEBRATE PALAEONTOLOGY（バーテブレイトパラエオントロジー）』の第4版、これは2004年に刊行された洋書ですけれども、この本では、ホモ・サピエンスが北アメリカ大陸にやってきた時期と北アメリカの大型哺乳類が絶滅した時期がほぼ一致していることに注目しています。

ホモ・サピエンスがやってきたタイミングで、大型哺乳類が絶滅した。やっぱり、ホモ・サピエンスと絶滅は関係しているだろ。

他の仮説は何を知っていますか？

そうだな、**気候の変化**の話。氷期が終わって、間氷期になった。気候が変わるということは、植物が変わる。すると、植物を食べていた動物たちに影響が出る。植物食動物に影響が出る……とくに数が減ると、その肉を食べる俺らも減っていく。

それは、「気候変化説」とでもしておきましょうか。

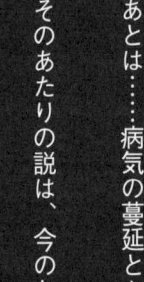

あとは……病気の蔓延とか、隕石衝突とか。

そのあたりの説は、今のところ、科学的な証拠が多いとはいえませんね。

じゃあ、俺の知っているのは、「過剰殺戮説」と「気候変化説」の2つだ。

そうですね。この番組でも、この2つの仮説を中心に話を進めていきましょう。

でもさ。

なんです？

さっきの北アメリカの話じゃないけどさ、もう、「過剰殺戮説」で確実じゃないの？

うーん。そうですね。まあ、その仮説を支持する研究は多いですね。たとえば、2014年にオーフス大学のクリストファー・サンドムさんたちが、およそ13万2000

年前から1000年前までの気候変動と人類の広がりのデータをまとめた研究があります。

1000年前までって、ずいぶんと最近までのデータをまとめたのな。

そうですね。彼らがまとめたデータによると、人類がある地域にやってきたタイミングと、大型哺乳類……ここでは、体重10キログラム以上の哺乳類を「大型哺乳類」としていますね……大型哺乳類が絶滅したタイミングは、よく一致するそうです。一方、気候の変化と絶滅には、一部地域をのぞいてあまり関係がなかったとしています。

気候と関係がないってことは、「気候変化説」が成り立たないってことじゃ？

とくに南アメリカでは、その傾向が顕著だったようですよ。南アメリカでは、気候の変化があまりないのに大型哺乳類が次々と滅んでいったとか。しかも……。

しかも？

石炭紀　デボン紀　シルル紀　オルドビス紀　カンブリア紀

900万年前　3億9500万年前　4億1900万年前　4億4400万年前　4億8500万年前　5億4100万年前

気候変化説の根拠の1つは、「気候が変わって植物が変わって、その変化についていけなくなった植物食動物が姿を消した」ことじゃないですか。

え？　ちがうの？

当時、絶滅した大型哺乳類の中には、「植物だったら、結構、なんでもイケます」という種も少なくなかったらしいんですよ。ちなみに、彼らのことは、「ジェネラリスト」と呼ばれています。

ジェネラリスト!?　なんか、かっこいいな！

植物の変化の影響を受けにくいジェネラリストが滅んだことは、間接的に気候の変化が原因ではなかったことを意味している、というわけですね。

まあ、〝なんでもイケマス系〟の種が滅んだということは、そういうことだよな。自分ではどうしようもない事態が起きた、と。

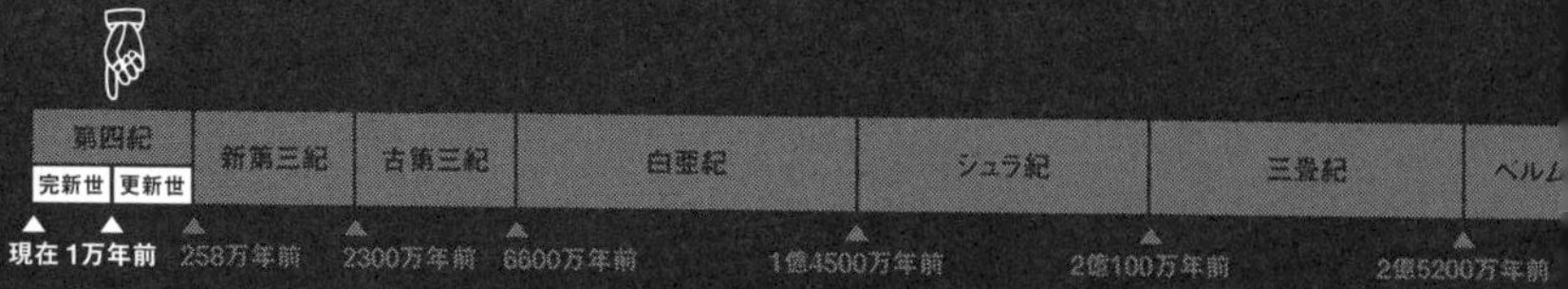

一方、ユーラシアでは、気候の変化と絶滅のタイミングが一致した地域もあるみたいですけど……世界のほとんどの地域では、「過剰殺戮説」を支持するデータが出ているようですね。

ユーラシアは特別だったの？

うーん。そのあたりは、断言できないのですよ。たとえば、ホラアナグマさんの話があります。

ああ、ヨーロッパ各地の洞窟にすんでいたというクマ。

そう、そのクマです。大繁栄して、化石も膨大な数が発見されています。あまりにも多いので、中世のホモ・サピエンスさんたちは、その化石を砕いて「ドラゴンの骨」として売っていたというくらい。

なんつー、罰当たりな。

まあ、さすがに今はやっていないようですけどね。で、チュービンゲン大学のヨシュア・グレッツィンガーさんたちが、ヨーロッパの各地から59頭のホラアナグマの良質な化石を集め、その遺伝子を分析したらしいんですよ。

遺伝子？　遺伝子が化石に残っているのか？

このくらいの時代になると、化石の中に遺伝子は残っていることがあります。いろいろな動物の化石の遺伝子が分析されていますよ。そして、**大事なポイントは、遺伝子の多様性が高ければ高いほど、その動物が属していた集団が大きかった、と考えることができる**点です。

なるほど。まあ、集団が大きいほど、交配もいろいろな相手とすることになるから、多様性が高くなりそうな気はする。

グレッツィンガーさんたちの分析によると、およそ4万年前から動物たちの遺伝子の多様性が減っていくらしいんですよ。

え？　4万年前って、かなり早い気がするけど？　だって、更新世末は、およそ1万年前じゃ……？

そう。最終氷期が終わって、暖かくなるのがおよそ1万年前です。

じゃあ、暖かくなる前に数を減らし始めたってこと？

そうです。グレッツィンガーさんたちによると、ちょうどそのころに、ホモ・サピエンスがヨーロッパで勢力を強めていたとのことです。

でもさ。ホラアナグマって、かなり強いような……。そんな強いヤツらをホモ・サピエンスが襲うメリットってある？　リスクの方がでかいんじゃね？

餌としては、手強すぎる相手ですしね。そのことに関しては、マックス・プランク研究所のマシアス・スティラーさんたちが、2010年に論文を発表しています。ホラアナグマさんたちは、ほら、名前の通り洞窟にすんでいますから。スティラーさんは、

石炭紀｜デボン紀｜シルル紀｜オルドビス紀｜カンブリア紀

9900万年前　3億9500万年前　4億1900万年前　4億4400万年前　4億8500万年前　5億4100万年前

時間をかけてホラアナグマさんたちの数が減っていた理由の1つ、**その洞窟をホモ・サピエンスさんたちに奪われてしまったから、**と指摘しています。直接、狩りの対象にならなくても、住処（すみか）を奪われることで滅ぼされてしまった、と。

ホモ・サピエンス、容赦ないなぁ。

まあ、この場合は、「狩って」いるわけではないので、「過剰殺戮説」と呼んで良いかは微妙ですが……でも、人類活動によって、滅んだという意味ではさほど変わりありません。では、ここで休憩を挟んで、次は「気候変化説」をみてみましょう。

急激な温暖化？

ケナガマンモスです。ずっしりと重い臼歯をもっていました。

スミロドンだ。毎月6ミリメートル伸びる犬歯が特徴だ。この番組は、更新世末の絶

滅事件を取り扱ってるぜ。

さて、ここからは「気候変化説」です。一見すると、過剰殺戮説が圧勝にみえますが、気候変化説にもいろいろな根拠があります。

その前に少しいいかな？

なんですか、スミロドンくん？

「気候の変化」って、一言でいってるけど、どのくらいの変化だったんだっけ？　暖かくなったなーとは思っていたけれど。

気温が最大で7度くらい上昇したらしいですよ。

なんだ、そんなもんか。もっと20度くらいドカーンと暑くなったと思ってた。

いやいや。20度も上がったら大変ですって。7度も相当なものです。そうですね。現代の東京でいうと、5月と8月の平均気温差に相当します。初夏だと思っていたら、真夏だった。それぐらいの差はあります。

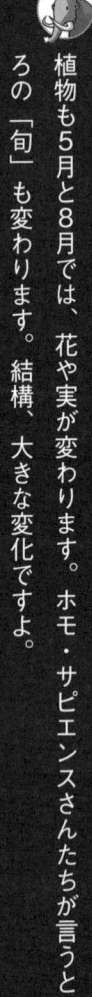

あー、たしかに5月のプールは冷たくて入れないけれど、8月はむしろ、プールに入りたいな。

植物も5月と8月では、花や実が変わります。ホモ・サピエンスさんたちが言うところの「旬」も変わります。結構、大きな変化ですよ。

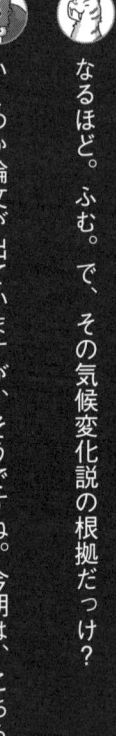

なるほど。ふむ。で、その気候変化説の根拠だっけ？

いくつか論文が出ていますが、そうですね。今朝は、こちらを紹介しておきましょう。2014年にコペンハーゲン大学のエシュケ・ウィラースレフさんたちが、北極圏における過去5万年分の地層に含まれる植物の遺伝子を調べた結果を発表しています。

ここでも遺伝子か。これまでの番組には出なかった単語だな。

まあ、私たちの時代は、遺伝子がまだ残っている〝新しい時代〟ですから。遺伝子は、時間が経過すればするほど壊れていきますが、私たちの時代はまだ情報が十分残っていることが多くあります。そして、ウィラースレフさんたちの分析によると、およそ1万年前を境に北極圏の植生が変化していたようなのです。

あ、「気候の変化が植物を変えた」って話だな、それ。

この植生の変化が、私たちに衰退を促したのではないか、というわけです。

なるほどなあ。**植生の変化のタイミングが大量絶滅の時期と一致する、というデータもある**わけか。

そうですね。他にも、とくに私の仲間（ケナガマンモス）たちに関しては、いろいろな情報があるのですよ。例たとえばセントポール島の話。

どこ？　それ？

アラスカの南西ですね。ベーリング海にある小さな島です。更新世で氷期の寒さが厳しいときには、この島も大陸と地続きでした。そのときに、仲間たちも〝移住〟していたんですよ。暖かくなって、海水面が上昇して、セントポール島が島として孤立したのちも、仲間たちがそのまま島に残っていました。そして、大事なことですが、この島は、西暦1787年まで、ホモ・サピエンスが到達した記録がありません。

1787年？　日本の江戸時代じゃん。過剰殺戮説が正しいとすると、ホモ・サピエンスが来ていないのなら、ケナガマンモスさんの仲間が江戸時代まで生き残っていても……。

いや、およそ5600年前に滅んでます。

5600年前？　でも、それもすごいな。人類が登場していないときに滅んだのなら、気候変化説と考えても……あれ？　でも、そんなに生き残っていたのなら気候変化説

じゃなくね？　暖かくなってから、ずいぶん年月が経っているし。

いいえ。この場合、気候の変化が絶滅の原因ではない、とは言い切れないのです。ペンシルヴェニア州立大学のルッセル・W・グラハムさんたちが２０１６年に発表した研究で、この島の環境変化は、７８５０年前に始まったことが指摘されたのです。この研究では、遺伝子の他、花粉や胞子の化石も分析されています。

７８５０年前か。更新世末のタイミングから少し遅れているけれど、でも、そうか。気候の変化はあったのか。この場合、タイミングよりも気候が変化した、ということが大切だな。

そうです。気候の変化がたしかにあった。そして、７８５０年前には始まった気候変化で、２０００年以上かけて少しずつ島が乾燥し、水がなくなっていたようなのです。

水？　飲み水？

そう。淡水です。その減少がグラハムさんたちによって指摘されたのです。

気候変化にともなう飲み水不足……。

温暖化とか寒冷化とか、そういう言葉だけに注目すると単純に「暖かくなった」「寒くなった」だけが注目されがちですが、**いろいろと連鎖して飲み水の問題にまで影響がで出る**というのは、怖い話ですね。

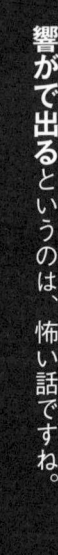

たしかになあ。気候変化で飲み水のことなんて、考えたことはなかった。

もう1つ、私の仲間についてのお話、いいですかね？

お？　まだあるの？

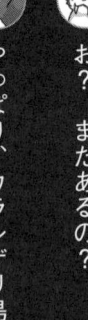

やっぱり、ウランゲリ島の話をしておかないと。

また島か。今度はどこの島？

ベーリング海峡の先にある北極海の島です。そこではですね、およそ４０００年前まで生きていたんですよ。

誰が？

ですから、私の仲間。ケナガマンモスが。

４０００年前って、人類の文明があちこちで始まっているじゃん。中国とか、メソポタミアとか、エジプトとか。そんな時代にまで、よくもまあ、生き残りがいたな。

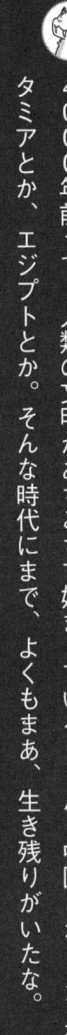

ヘルシンキ大学のローラ・アルッペさんたちが２０１９年に発表した研究によると、**この島は４０００年前でも、ケナガマンモスにとって〝理想的な気候〟だったようです。**彼らは、化石に残る元素を調べて、いろいろと特定したみたいですね。

石炭紀	テボン紀	シルル紀	オルトビス紀	カンフリア紀

億9900万年前　3億9500万年前　4億1900万年前　4億4400万年前　4億8500万年前　5億4100万年前

つまり、気候変化の影響が起きなかった島か。そこで、どうして絶滅したんだろ？　人類がやってきていたのなら、やはり狩り尽くされた？

その可能性は否定できないみたいですけど、でも、まだその証拠は発見されていないようです。アルッペさんたちが注目しているのは、４０００年前の絶滅が「突然」だったことみたいなのです。

いきなり滅んだってこと？

そうです。アルッペさんたちは、**突発的で短期的な異常気象があった**可能性を指摘しています。大寒波に襲われて、植物がみんな雪や氷で覆われてしまった。それで、食糧難になったのでは、と。

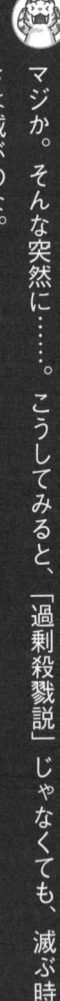

マジか。そんな突然に……。こうしてみると、「過剰殺戮説」じゃなくても、滅ぶ時ときは滅ぶのな。

絶滅の理由は、1つだけではない、ということですね。

大型哺乳類の絶滅で何が起きた？

ケナガマンモスです。ふっさふさの毛でほっかほか。

スミロドンだ。腕力には自信があるぜ。お聞きの番組(お読みのページ)は、「更新世末の絶滅事件」だぜ。もうちょい、つきあってくれよな。

さて、スミロドンくん。時間的に多少の前後はあるにしろ、原因はいくつかあるにしろ、大型哺乳類の絶滅は、世界に変革をもたらしました。

変革？ 大袈裟(おおげさ)だなあ。まあ、俺ら肉食動物にとっては、大型の獲物の数が減ったのはタイヘンだったけどよ。

大袈裟じゃないのですよ。たとえばオックスフォード大学のクリストファー・E・ダウティーさんたちが、2013年にこんな研究を発表しています。「**更新世末の大型哺乳類の絶滅で、アマゾンの栄養素が減った**」と。

は？　栄養素？　なんだか難しい話になりそうだな。日の出前に、リスナー（読者）が睡魔に襲われる、という話にならないか？

それほど難しい話じゃないですよ。例えば植物食動物は、植物を食べますよね？

？　そりゃあ、「植物食」だからな。

すると、その糞（ふん）には、植物の種子が含まれることがある。彼らが移動することで、種子も遠くへ運ばれる。逆にいえば、そうした〝運搬者〟が滅びてしまえば、種子の広がりもなくなる。

……なるほど。たしかにそれはいえる。

そうやって運ばれるものの1つに「リンがあります」という指摘がダウティーさんたちの研究です。

リン？

まあ、糞にも含まれるし、動物の体内にもあるし。一方で、植物にとっては、良い肥料にもなる元素です。

そりゃ、大切な元素だ。

ダウティーさんたちの計算によると大型の動物が滅びたことで、アマゾンにおけるリンの移動が弱まった可能性があるそうです。簡単にいえば、アマゾンの東部はもっとリンが豊富な土地になっていたかもしれないのに、大型動物の絶滅で、その機会が失われてしまったかもしれない、と。

結構、大事！　植生に影響を与えるじゃん。

ええ。しかも、それは、アフリカ大陸以外のすべての大陸で起きていたみたいなんですよね。**世界的に栄養のある土地と栄養のない土地のバランスが崩れてしまったかもしれない**、というわけです。

そういうことか。いや、たしかに。絶滅の影響はでかいな。

こんな研究もありますよ。ニューメキシコ大学のフェリサ・A・スミスさんたちが2010年に発表したもので、メタンに注目したお話です。

メタン？　たしか、屁に含まれているんじゃ？

そうですね。おならに含まれているガスです。げっぷにも含まれていますよ。つまり、動物が体内でつくっているガスですね。もちろん、自然状態でも存在しています。

その屁とげっぷがどうかした？

……。い、い、おならとげっぷに含まれるメタンですが、これは、強力な温室効果ガスでもあるんです。

温室効果ガス？　二酸化炭素みたいな？

そうです。そして、二酸化炭素よりもよほど強力です。大型哺乳類が絶滅したということは、メタンを排出する動物の数がいっきに減った、ということでもあります。

まあ、そうだな。ん？　ちょっと待て。メタンが温室効果ガスということは……。

そうです。**大型哺乳類の絶滅で、温室効果が弱まった可能性がある**と、スミスさんたちは計算しています。実際、氷期が終わり……つまり、温暖化が進んでいく中で、短い寒冷期があったみたいなんですよね。

じゃあ、屁が少なくなったことで寒くなった？

あくまでも1つの研究ですけどね。ちなみに屁……じゃなかった、おならよりもげっぷにメタンは多く含まれているらしいです。

「屁」でいいじゃん。でも、そうか。単純に「食う・食われる」の関係だけじゃなくて、気候が変わる可能性もあるのか。

連鎖がどう広がっていくか。その予想は難しいのかもしれませんね。

今を生きるみなさんへ

おふたりとも、おつかれさまでした。

おー、ティラノさんじゃん！　おはよう。

来てくださったんですか。

ここで最後ということで。何しろ、「古生物界随一の人気者」なので。

……。

いや、そこは、ツッコミを入れてくださいよ。

いや、どうしようかと。

それにしても、いろいろな絶滅の理由がありましたね。全番組を振り返ってみると。

そう。わからないことも多い。でも、わかったことはある。

どのようなことです?

けっこー、複雑!

（笑）。そう、結構、複雑です。そして、連鎖的。

そうですね。**絶滅の原因も影響も連鎖的です。何がどうつながっているか。そこも複雑。**でも、ホモ・サピエンスさんたちは羨ましい。

羨ましい？

だって、こうして過去の例があるじゃないですか。そこから学んで、これからの自分たちの将来に役立てることができる。私たちにはできなかったことです。

たしかに！　**過去に学ぶことができる。**これが、ホモ・サピエンスの強みだよな。

お、スミロドンくんが、良いことを言った。そうですね。今日の6番組を通して、少しでも過去に興味をもってくれたのでしたら、良いですね。

空が明るくなってきましたね。

ここまで、おつきあいいただいてありがとうございました。

また、どこかで会おうぜ！

ありがとうございました！　バイバイ！　今日も良い1日を！

おわりに
「さあ、あなたは？」

「ビッグ・ファイブ　プラス1」、お届けしました。

研究者たちの果敢なる挑戦と、まだまだ謎に満ちた物語をご堪能いただけたかと思います。

本書を読んだ、〝その先のアクション〟は、もちろん、あなたの自由です。

現在進行中といわれる「第6の絶滅」について、ご自分で調べてみるのも良いでしょう。

過去の絶滅について興味をもたれたのでしたら、本編で紹介しました各種文献から手をつけてみることも良いと思います。

「絶滅」について、少しでも関心を高めていただけたのであれば、この企画は成功したといえるでしょう。

本書は、古生物学者の芝原暁彦さんにご監修いただいております。なんと芝原さん監修の拙著は、こちらを含めて本年は3冊の上梓を予定しております。諸般の事情で、複数の出版社の刊行タイミングが重なってしまいました。本書に関しても、お忙しい中、掲載すべき論文の選定から表現の確認、諸々の監修作業にご協力いただきました。本当にありがとうございます。

可愛らしいイラストは、ツク之助さんの作品です。本書のコンセプトに合う素晴らしいイラストを数多く描いていただきました。感謝。

執筆段階では、妻（土屋香）にさまざまな指摘をもらいました。編集は、イースト・プレスの黒田千穂さんです。本書は、まず、黒田さんからの「第6の絶滅と古生物を絡めた本をつくりたい」という企画提案から始まっています。その後、黒田さんと私の間で企画を練ったのちに、芝原さんとツク之助さんを交えたオンラインのブレインストーミングを経て、「ラジオ風」となりました。

実は、ラジオは私にとって最も身近なメディアです。仕事中はほぼ「FM NACK5」をつけっぱなし。今回、古生物の各キャラクターの性格を設定するにあたり、同局のさまざまな番組のパーソナリティの他、いくつかのアニメ番組のキャラクターを参考にいたしました。なお、作中でディメトロドン氏が言及した酒場は、黒丸さんのマンガ『絶滅酒場』（少年画報社）へのオマージュ（のつもり）です。未読の方は、ぜひ、ご一読を。

最後になりましたが、本書を手に取り、ここまで読み進めてくださった読者のみなさま特大の感謝を。

本当にありがとうございます。

相変わらずのコロナ禍の中の上梓となりました。本書が少しでもみなさんの知的好奇心を刺激し、「学問を楽しむ」その一端でも感じていただけたのでしたら、至上の喜びです。

どうか、みなさま次にお会いする機会までご壮健で。

２０２１年初夏　　サイエンスライター　土屋健

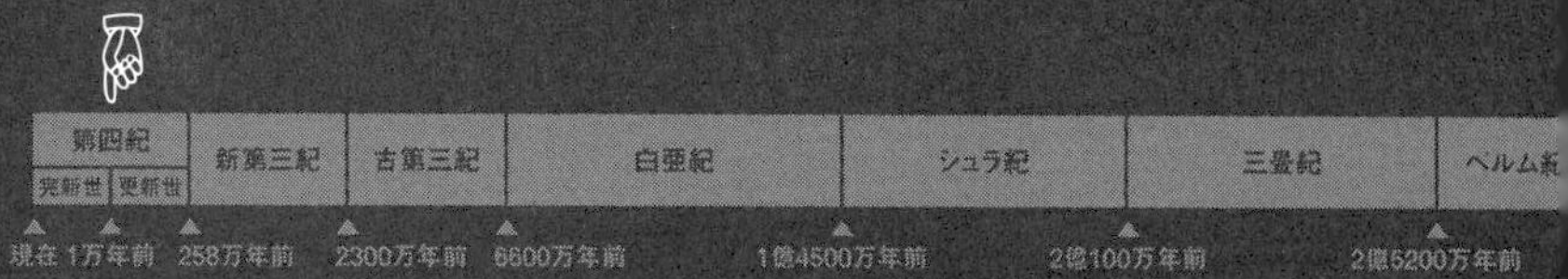
第四紀
完新世
更新世
新第三紀
古第三紀
白亜紀
ジュラ紀
三畳紀
ペルム紀
現在
1万年前
258万年前
2300万年前
6600万年前
1億4500万年前
2億100万年前
2億5200万年前

大絶滅
どう生きる?

第6の

君たち（人類）は

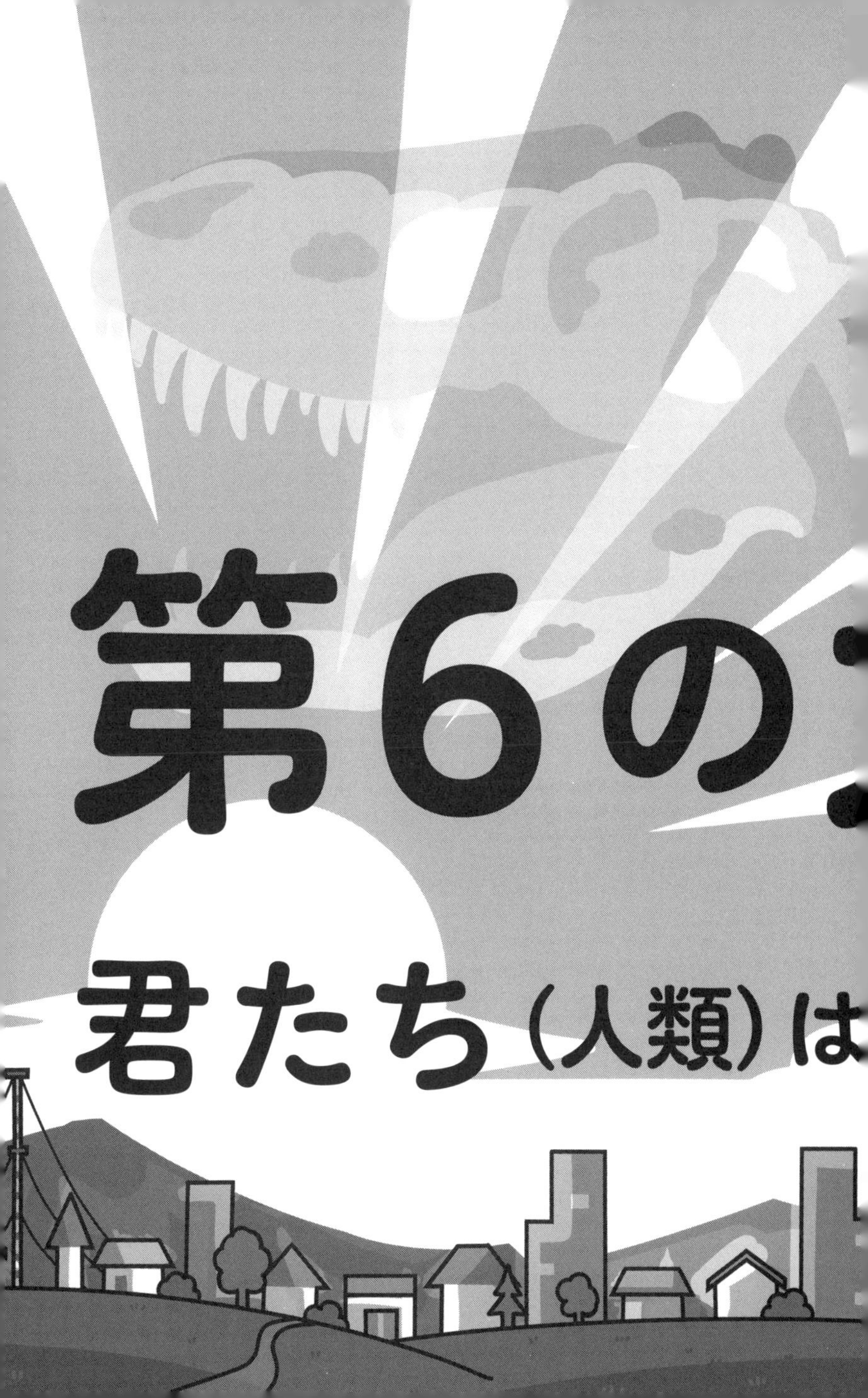

もっと詳しく知りたい読者のための参考資料

本書を執筆するにあたり，とくに参考にした主要な文献は次の通り。

※本書に登場する年代値は，とくに断りのないかぎり，International Commission on Stratigraphy，2020/01，INTERNATIONAL STRATIGRAPHIC CHARTを使用している

【はじめに】

《WEBサイト》

ミレニアム生態系評価の概要,環境省,https://www.env.go.jp/press/files/jp/25570.pdf

いのちはつながっている,環境省,https://www.env.go.jp/nature/biodic/inochi/pdf/full.pdf

RED LIST,IUCN,https://www.iucnredlist.org/ja/

【第1章】

《一般書籍》

『恐竜・古生物ビフォーアフター』監修:監修:群馬県立自然史博物館,著:土屋 健,2019年刊行,イースト・プレス

『決着！　恐竜絶滅論争』著:後藤和久,2011年刊行,岩波書店

『古第三紀・新第三紀・第四紀の生物 上巻』監修:群馬県立自然史博物館,著:土屋 健,2016年刊行,技術評論社

『古第三紀・新第三紀・第四紀の生物 下巻』監修:群馬県立自然史博物館,著:土屋 健,2016年刊行,技術評論社

『再現！　巨大隕石衝突』著:松井孝典,1999年刊行,岩波書店

『絶滅古生物学』著:平野弘道,2006年刊行,岩波書店

『白亜紀の生物　下巻』監修:群馬県立自然史博物館,著:土屋 健,2015年刊行,技術評論社

『ワニと恐竜の共存』著:小林快次,2013年刊行,北海道大学出版会

『Newton別冊 生命史35億年の大事件ファイル』2010年刊行,ニュートンプレス

《WEBサイト》

気象庁,https://www.jma.go.jp/

研究室に行ってみた。国立科学博物館 恐竜 真鍋 真,Webナショジオ,https://natgeo.nikkeibp.co.jp/atcl/web/19/070300010/

《プレスリリース》

隕石衝突後の環境激変の証拠を発見,筑波大学,高知大学,京都大学,海洋研究開発機構,日本原子力研究開発機構,量子科学技術研究開発機構,高輝度光科学研究センター,2020年2月14日

恐竜やアンモナイト等の絶滅は“小惑星衝突により発生したすすによる気候変動”が原因だった,東北大学,気象研究所,2016年7月14日

小惑星衝突の「場所」が恐竜などの大量絶滅を招く,東北大学,2017年11月9日

白亜紀末の生物大量絶滅は、隕石衝突による酸性雨と海洋酸性化が原因,千葉工業大学,2014年3月10日

《学術論文など》

高橋昭紀,後藤和久,2010,恐竜絶滅研究の最前線,科学,vol.80,no.9,p945-953

Alan R. Hildebrand,Glen T. Penfield,David A. Kring,Mark Pilkington,Antonio Camargo Z.,Stein B. Jacobsen,William V. Boynton,1991, Chicxulub Crater: A possible Cretaceous/Tertiary boundary impact crater on the Yucatán Peninsula, Mexico,Geology,vol.19,p867-871

Alfio Alessandro Chiarenza, Philip D. Mannion, Daniel J. Lunt, Alex Farnsworth, Lewis A. Jones, Sarah-Jane Kelland, Peter A. Allison, 2019, Ecological niche modelling does not support climatically-driven dinosaur diversity decline before the Cretaceous/Paleogene mass extinction, Nature Communications, 10:1091, https://doi.org/10.1038/s41467-019-08997-2

Blair Schoene, Michael P. Eddy, Kyle M. Samperton, C. Brenhin Keller, Gerta Keller, Thierry Adatte, Syed F. R. Khadri, 2019, U-Pb constraints on pulsed eruption of the Deccan Traps across the end-Cretaceous mass extinction, Science, vol.363, p862–866

Brauce F. Bohor,Russell Seitz,1990,Cuban K/T catastrophe,nature,vol.344,p593

Christopher M. Lowery, Timothy J. Bralower, Jeremy D. Owens, Francisco J. Rodríguez-Tovar, Heather Jones, Jan Smit, Michael T. Whalen, Phillipe Claeys, Kenneth Farley, Sean P. S. Gulick, Joanna V. Morgan, Sophie Green, Elise Chenot, Gail L. Christeson, Charles S. Cockell, Marco J. L. Coolen, Ludovic Ferrière, Catalina Gebhardt, Kazuhisa Goto, David A. Kring, Johanna Lofi, Rubén Ocampo-Torres, Ligia Perez-Cruz, Annemarie E. Pickersgill, Michael H. Poelchau, Auriol S. P. Rae, Cornelia Rasmussen, Mario Rebolledo-Vieyra, Ulrich Riller, Honami Sato, Sonia M. Tikoo, Naotaka Tomioka, Jaime Urrutia-Fucugauchi, Johan Vellekoop, Axel Wittmann, Long Xiao, Kosei E. Yamaguchi. William Zylberman, 2018, Rapid recovery of life at ground zero of the end-Cretaceous mass extinction, nature, vol.558, p.288–291

Courtney J. Sprain, Paul R. Renne, Loÿc Vanderkluysen, Kanchan Pande, Stephen Self, Tushar Mittal, 2019, The eruptive tempo of Deccan volcanism in relation to the Cretaceous-Paleogene boundary, Science, vol.363, p866–870

David E. Fastovsky,Yifan Huang,Jason Hsu,Jamie Martin-McNaughton,Peter M. Sheehan,David B. Weishampel,2004,Shape of Mesozoic dinosaur richness,Geology,October 2004, v. 32, no. 10, p. 877–880

G.S. Collins, N. Patel, T.M. Davison, A.S.P. Rae, J.V. Morgan, S.P.S. Gulick, IODP-ICDP Expedition 364 Science Party, 2020, A steeply-inclined trajectory for the Chicxulub impact, Nature Communications, 11:1480, https://doi.org/10.1038/s41467-020-15269-x

Jean-Jacques Hublin, Abdelouahed Ben-Ncer, Shara E. Bailey, Sarah E. Freidline, Simon Neubauer, Matthew M. Skinner, Inga Bergmann, Adeline Le Cabec, Stefano Benazzi, Katerina Harvati, Philipp Gunz, 2017, New fossils from Jebel Irhoud, Morocco and the pan-African origin of *Homo sapiens*, nature, vol.546, p289-292

Kunio Kaiho, Naga Oshima, 2017, Site of asteroid impact changed the history of life on Earth: the low probability of mass extinction,Scientific Reports, vol.7, Article number: 14855

Kunio Kaiho,Naga Oshima,Kouji Adachi,Yukimasa Adachi,Takuya Mizukami,Megumu Fujibayashi,Ryosuke Saito,2016,Global climate change driven by soot at the K-Pg boundary as the cause of the mass extinction,Scientific Reports,vol.6, Article number: 28427

Luis W. Alvarez,Walter Alvarez,Frank Asaro,Helen V. Michel,1980,Extraterrestrial Cause for the Cretaceous-Tertiary Extinction,Science,vol.208,p1095-1108

Michael P. Donovan,Ari Iglesias,Peter Wilf,Conrad C. Labandeira,N. Rubén Cúneo,2016,Rapid recovery of Patagonian plant–insect associations after the end-Cretaceous extinction,Nature Ecology & Evolution,vol.1,Article number: 0012

Nicholas R. Longrich,Tim Tokaryk,Daniel J. Field,2011,Mass extinction of birds at the Cretaceous–Paleogene (K–Pg) boundary,PNAS,vol.108,no.37,p15253-15257

Paul M. Barrett,Alistair J. McGowan,Victoria Page,2009,Dinosaur diversity and the rock record,Proc. R. Soc. B,276, 2667–2674

Peter Schulte,Laia Alegret,Ignacio Arenillas,José A. Arz,Penny J. Barton,Paul R. Bown,Timothy J. Bralower,Gail L. Christeson,Philippe Claeys,Charles S. Cockell,Gareth S. Collins,Alexander Deutsch,Tamara J. Goldin,Kazuhisa Goto,José M. Grajales-Nishimura,Richard A. F. Grieve,Sean P. S. Gulick,Kirk R. Johnson,Wolfgang Kiessling,Christian Koeberl,David A. Kring,Kenneth G. MacLeod,Takafumi Matsui,Jay Melosh,Alessandro Montanari,Joanna V. Morgan,Clive R. Neal,Douglas J. Nichols,Richard D. Norris,Elisabetta Pierazzo,Greg Ravizza,Mario Rebolledo-Vieyra,Wolf Uwe Reimold,Eric Robin,Tobias Salge,Robert P. Speijer,Arthur R. Sweet,Jaime Urrutia-Fucugauchi,Vivi Vajda,Michael T. Whalen,Pi S. Willumsen,2010,The Chicxulub Asteroid Impact and Mass Extinction at the Cretaceous-Paleogene Boundary,Science,vol.327,p1214-1218

Ryoji Wani, Ken'ichi Kurihara, Krishnan Ayyasami, 2011, Large hatchling size in Cretaceous nautiloids persists across the end-Cretaceous mass extinction: New data of Hercoglossidae hatchlings, Cretaceous Research, 32, 618e622

Steven M. Stanley,2016,Estimates of the magnitudes of major marine mass extinctions in earth history,PNAS,www.pnas.org/cgi/doi/10.1073/pnas.1613094113

Sohsuke Ohno,Toshihiko Kadono,Kosuke Kurosawa,Taiga Hamura,Tatsuhiro Sakaiya,Keisuke Shigemori,Yoichiro Hironaka,Takayoshi Sano,Takeshi Watari,Kazuto Otani,Takafumi Matsui,Seiji Sugita,2014,Production of sulphate-rich vapour during the Chicxulub impact and implications for ocean acidification,nature geoscience,vol.7,p279-282

Teruyuki Maruoka, Yoshiro Nishio, Tetsu Kogiso, Katsuhiko Suzuki, Takahito Osawa Yuichi Hatsukawa, Yasuko Terada, 2020, Enrichment of chalcophile elements in seawater accompanying the end-Cretaceous impact event, GSA Bulletin, 132 (9-10), 2055–2066

Zhe-Xi Luo,2007,Transformation and diversification in early mammal evolution,nature,vol. 450,p1011-1019

【第2章】

《一般書籍》

『オルドビス紀・シルル紀の生物』監修:群馬県立自然史博物館,著:土屋 健,2013年刊行,技術評論社

《プレスリリース》

大火山噴火が最初の生物大絶滅の原因,東北大学,2017年5月11日

《学術論文など》

丸岡照幸,上松佐知子,指田勝男,Niza Mat,2016, オルドビス紀末の大量絶滅を引き起こした環境変動：硫黄・炭素同位体比組成からの制約,日本地球化学会年会要旨集,63(0), 15

Axel Munnecke, Mikael Calner, David A. T. Harper, Thomas Servais, 2010, Ordovician and Silurian sea–water chemistry, sea level, and climate: A synopsis, Palaeogeography, Palaeoclimatology, Palaeoecology, vol.296, p389–413

Bing Huang, David A. T. Harper, Hang - Hang Zhou, Ren - Bin Zhan, Yi Wang, Peng Tang, Jun - Ye Ma, Guang - Xu Wang, Di Chen, Yu - Chen Zhang, Xiao - Cong Luan, Jia - Yu Rong, 2019, A new *Cathaysiorthis* (Brachiopoda) fauna from the lower Llandovery of eastern Qinling, China, Papers in Palaeontology, vol.5, Isuue3, p537-557

Christian M. Ø. Rasmussena, Björn Kröger, Morten L. Nielsena, Jorge Colmenar, 2019, Cascading trend of Early Paleozoic marine radiations paused by Late Ordovician extinctions, PNAS, vol.116, no.15, p 7207–7213

David A. T. Harper, Emma U. Hammarlund, Christian M.Ø. Rasmussen, 2013, End Ordovician extinctions: A coincidence of causes, Gondwana Research, vol.25, Issue4, p1294-1307

David P. G. Bond, Stephen E. Grasby, 2020, Late Ordovician mass extinction caused by volcanism, warming, and anoxia, not cooling and glaciation, GEOLOGY, vol.48, no.8, p777-781

David S. Jones, Anna M. Martini, David A. Fike, Kunio Kaiho, 2017, A volcanic trigger for the Late Ordovician mass extinction? Mercury data from south China and Laurentia, GEOLOGY, vol.45, no.7. p631–634

Emma U. Hammarlund, Tais W. Dahl, David A.T. Harper, David P.G. Bond, Arne T. Nielsen, Christian J. Bjerrum, Niels H. Schovsbo, Hans P. Schönlaub, Jan A. Zalasiewicz, Donald E. Canfield, 2012, A sulfidic driver for the end-Ordovician mass extinction, Earth and Planetary Science Letters, 331–332, p128–139

Guangxu Wang, Renbin Zhan, Ian G. Percival, 2019, The end-Ordovician mass extinction: A single-pulse event?, Earth-Science Reviews, vol.192, p15–33

Michael J. Melchin, Charles E. Mitchell, Chris Holmden, Petr Štorch, 2013, Environmental changes in the Late Ordovician–early Silurian: Review and new insights from black shales and nitrogen isotopes, GSA Bulletin, vol.125, no.11/12, p1635–1670

M. S. Barash, 2014, Mass Extinction of the Marine Biota at the Ordovician–Silurian Transition Due to Environmental Changes, Oceanology, vol.54, no.6, p780–787

Rick Bartlett, Maya Elricka, James R. Wheeley, Victor Polyak, André Desrochers, Yemane Asmerom, 2018, Abrupt global-ocean anoxia during the Late Ordovician–early Silurian detected using uranium isotopes of marine carbonates, PNAS, vol.115, no.23, p5896-5901

Rong Jiayu, D. A. T. Harper, Huang Bing, Li Rongyu, Zhang, Xiaole, Chen Di, 2020, The latest Ordovician Hirnantian brachiopod faunas: New global insights, Earth-Science Reviews, vol.208, https://doi.org/10.1016/j.earscirev.2020.103280

Steven M. Stanley,2016,Estimates of the magnitudes of major marine mass extinctions in earth history,PNAS,www.pnas.org/cgi/doi/10.1073/pnas.1613094113

【第3章】

《一般書籍》

『石炭紀・ペルム紀の生物』監修:群馬県立自然史博物館,著:土屋 健,2014年刊行,技術評論社

『絶滅古生物学』著:平野弘道,2006年刊行,岩波書店

『デボン紀の生物』監修:群馬県立自然史博物館,著:土屋 健,2014年刊行,技術評論社

『The Late Devonian Mass Extinction』著:George R. McGhee Jr.,1996年刊行,Columbia University Press

《学術論文など》

Alycia L. Stigall, 2012, Speciation collapse and invasive species dynamics during the Late Devonian "Mass Extinction", GSA Today, vol.22, no.1, doi: 10.1130/G128A.1

David P. G. Bond, Paul B. Wignall, 2014, Large igneous provinces and mass extinctions: An update, The Geological Society of America Special Paper, 505, p29-55

Elena V. Sokiran, 2002, Frasnian–Famennian extinction and recovery of rhynchonellid brachiopods from the East European Platform, Acta Palaeontologica Polonica, 47, (2), p339–354.

Gavin C. Young, 2010, Placoderms (Armored Fish): Dominant Vertebrates of the Devonian Period, Annu. Rev. Earth Planet. Sci., vol.38, p523–50

Kenneth J. McNamara, Raimund Feist, 2008, Patterns of Trilobite Evolution and Extinction during the Frasnian/Famennian Mass Extinction, Canning Basin, Western Australia, In I.Rábano, R. Gozalo and D. García-Bellido (Eds.), Advances in trilobite research,

Kenneth J. McNamara, Raimund Feist, 2016, The effect of environmental changes on the evolution and extinction of Late Devonian trilobites from the northern Canning Basin, Western Australia, From: Becker, R. T., Ko ̈ nigshof, P. & Brett, C. E. (eds) 2016. Devonian Climate, Sea Level and Evolutionary Events. Geological Society, London, Special Publications, 423, 251–271

Raimund Feist, Kenneth J. McNamara, 2013, Patterns of evolution and extinction in proetid trilobites during the late Devonian mass extinction event, Canning Basin, Western Australia, Palaeontology, vol.56, Part 2, p.229–259

Raimund Feist, Kenneth J. McNamara, Catherine Crônier, Rudy Lerosey-Aubril, 2009, Patterns of extinction and recovery of phacopid trilobites during the Frasnian-Famennian (Late Devonian) mass extinction event, Canning Basin, Western Australia, Geological Magazine, 146(1), p12-33

Sarah K. Carmichael, Johnny A. Waters, Peter Königsof, Thomas J. Suttner, Erika Kido, 2019, Paleogeography and paleoenvironments of the Late Devonian Kellwasser Event: a review of its sedimentological and geochemical expression, Global and Planetary Change, vol.183, 102984

Sarah K. Carmichael, Johnny A. Waters, Thomas J. Suttner, Erika Kido, Aubry A. DeReuil, 2014, A new model for the Kellwasser Anoxia Events (Late Devonian): Shallow water anoxia in an open oceanic setting in the Central Asian Orogenic Belt, Palaeogeography, Palaeoclimatology, Palaeoecology, vol.399, p394-403

Steven M. Stanley,2016,Estimates of the magnitudes of major marine mass extinctions in earth history,PNAS,www.pnas.org/cgi/doi/10.1073/pnas.1613094113

Vadim A. Kravchinsky, 2012, Paleozoic large igneous provinces of Northern Eurasia: Correlation with mass extinction events. Global and Planetary Change, 86-87, p31–36

Xueping Ma, Yiming Gong, Daizhao Chen, Grzegorz Racki, Xiuqin Chen, Weihua Liao, 2016. The Late Devonian Frasnian–Famennian Event in South China — Patterns and causes of extinctions, sea level changes, and isotope variations, Palaeogeography, Palaeoclimatology, Palaeoecology, 448, p224–244

【第4章】

《一般書籍》

『アンモナイト学』編:国立科学博物館,著:重田康成,2001年刊行,東海大学出版会

『古生物たちの不思議な世界』協力:田中源吾,著:土屋 健,2017年刊行,講談社

『石炭紀・ペルム紀の生物』監修:群馬県立自然史博物館,著:土屋 健,2014年刊行,技術評論社

『別冊日経サイエンス』編:渡辺正隆,2019年刊行,日経サイエンス社

《プレスリリース》

史上最大の生物大量絶滅の原因を解明,東北大学,2016年8月18日

史上最大の生物の大量絶滅の原因を特定,東北大学,2020年11月9日

日本最古、中生代初期の脊椎動物の糞化石を発見,東京大学,2014年10月15日

《学術論文など》

Andy Saunders, Marc Reichow, 2009, The Siberian Traps and the End-Permian mass extinction: a critical review, Chinese Science Bulletin, vol.54, no.1, p20-37

Arnaud Brayard, Gilles Escarguel, Hugo Bucher, Claude Monnet, Thomas Brühwiler, Nicolas Goudemand, Thomas Galfetti, Jean Guex, 2009, Good Genes and Good Luck: Ammonoid Diversity and the End-Permian Mass Extinction, Science, vol.325, p1118-1121

Gregory J. Retallack, Christine A. Metzger, Tara Greaver, A. Hope Jahren, Roger M.H. Smith, Nathan D. Sheldon, 2006, Middle-Late Permian mass extinction on land, GSA Bulletin, vol.118, no 11/12, p398–1411

Jenifer Botha, Roger M. H. Smith, 2007, *Lystrosaurus* species composition across the Permo–Triassic boundary in the Karoo Basin of South Africa, Lethaia, vol.40, p125–137

Kunio Kaiho, Md. Aftabuzzaman, David S. Jones, Li Tian, 2020, Pulsed volcanic combustion events coincident with the end-Permian terrestrial disturbance and the following global crisis, Geology, 49 (3), p289–293

Kunio Kaiho, Ryosuke Saito, Kosuke Ito, Takashi Miyaji, Raman Biswas, Li Tian, Hiroyoshi Sano, Zhiqiang Shi, Satoshi Takahashi, Jinnan Tong, Lei Liang, Masahiro Oba, Fumiko W. Nara, 2016,Effects of soilerosionand anoxic–euxinic ocean int he Permian–Triassic marinecrisis, Heliyon,2,e00137

Lindsey R. Leighton, Chris L. Schneider, 2008, Taxon characteristics that promote survivorship through the Permian–Triassic interval: transition from the Paleozoic to the Mesozoic brachiopod fauna, Paleobiology, 34(1), p65-79

Mark J. MacDougall, Neil Brocklehurst, Jörg Fröbisch, 2019, Species richness and disparity of parareptiles across the end-Permian mass extinction, Proc. R. Soc. B, 286: 20182572

Massimo Bernardi, Fabio Massimo Petti, Michael J. Benton, 2018, Tetrapod distribution and temperature rise during the Permian–Triassic mass extinction, Proc. R. Soc. B, 285: 20172331

Sandra J. Carlson, 2016, The Evolution of Brachiopoda, Annu. Rev. Earth Planet. Sci., vol.44, p409–438

Seth D. Burgess, Samuel A. Bowring, 2015, High-precision geochronology confirms voluminous magmatism before, during, and after Earth's most severe extinction, Sci. Adv., 1:e1500470

Steven M. Stanley,2016,Estimates of the magnitudes of major marine mass extinctions in earth history,PNAS,www.pnas.org/cgi/doi/10.1073/pnas.1613094113

Yasuhisa Nakajima, Kentaro Izumi, 2014, Coprolites from the upper Osawa Formation (upper Spathian), northeastern Japan: Evidence for predation in a marine ecosystem 5 Myr after the end-Permian mass extinction, Palaeogeography, Palaeoclimatology, Palaeoecology, 414, p225–232

【第5章】

《一般書籍》

『絶滅古生物学』著:平野弘道,2006年刊行,岩波書店

《プレスリリース》

岐阜と大分から巨大隕石落下の証拠,九州大学,熊本大学,海洋研究開発機構,2013年9月16日

大量絶滅と恐竜の多様化を誘発した三畳紀の「雨の時代」,神戸大学,2020年12月8日

2億1500万年前の巨大隕石衝突による海洋生物絶滅の証拠を発見,熊本大学,海洋研究開発機構,高知大学,東京大学,新潟大学,千葉工業大学,2016年7月8日

《WEBサイト》

"地中が燃える" 豪森林火災の脅威～異常気象のリスク～,NHK,https://www.nhk.or.jp/gendai/articles/4379/

琵琶湖の概要,滋賀県,https://www.pref.shiga.lg.jp/ippan/kankyoshizen/biwako/gaiyou.html

《学術論文など》

Blair Schoene, Jean Guex, Annachiara Bartolini, Urs Schaltegger, Terrence J. Blackburn, 2010, Correlating the end-Triassic mass extinction and flood basalt volcanism at the 100 ka level, Geology, vol.38, no.5, p 387–390

Claire M. Belcher, Luke Mander, Guillermo Rein, Freddy X. Jervis, Matthew Haworth, Stephen P. Hesselbo, Ian J. Glasspool, Jennifer C. McElwain, 2010, Increased fire activity at the Triassic/Jurassic boundary in Greenland due to climate-driven floral change, nature geoscience, vol.3, p426-429

Honami Sato, Tetsuji Onoue, Tatsuo Nozaki, Katsuhiko Suzuki, 2013, Osmium isotope evidence for a large Late Triassic impact event, NATURE COMMUNICATIONS, 4:2455, DOI: 10.1038/ncomms3455

Philippa M. Thorne, Marcello Ruta, Michael J. Benton, 2011, Resetting the evolution of marine reptiles at the Triassic-Jurassic boundary, PNAS, vol.108, no.20, p8339-8344

Steven M. Stanley,2016,Estimates of the magnitudes of major marine mass extinctions in earth history,PNAS,www.pnas.org/cgi/doi/10.1073/pnas.1613094113

Terrence J. Blackburn, Paul E. Olsen, Samuel A. Bowring, Noah M. McLean, Dennis V. Kent, John Puffer, Greg McHone, E. Troy Rasbury, Mohammed Et-Touhami, 2013, Zircon U-Pb Geochronology Links the End-Triassic Extinction with the Central Atlantic Magmatic Province, Science, vol.340, p941-945

Tetsuji Onoue, Honami Sato, Daisuke Yamashita, Minoru Ikehara, Kazutaka Yasukawa, Koichiro Fujinaga, Yasuhiro Kato, Atsushi Matsuoka, 2016, Bolide impact triggered the Late Triassic extinction event in equatorial Panthalassa, Scientific Reports, 6:29609, DOI: 10.1038/srep29609

Tetsuji Onoue,Honami Sato,Tomoki Nakamura,Takaaki Noguchi,Yoshihiro Hidaka,Naoki Shirai,Mitsuru Ebihara,Takahito Osawa,Yuichi Hatsukawa,Yosuke Toh,Mitsuo Koizumi,Hideo Harada,Michael J. Orchard,Munetomo Nedachi,2012,Deep-sea record of impact apparently unrelated to mass extinction in the Late Triassic,PNAS,vol.109,no.47,p19134-19139

Wolfgang Kiessling, Martin Aberhan, Benjamin Brenneis, Peter J. Wagner, 2007, Extinction trajectories of benthic organisms across the Triassic–Jurassic boundary, Palaeogeography, Palaeoclimatology, Palaeoecology, vol.244, p201–222

Yuki Tomimatsu, Tatsuo Nozaki, Honami Sato, Yutaro Takaya, Jun-Ichi Kimura, Qing Chang, Hiroshi Naraoka, Manuel Rigo, Tetsuji Onoue, 2021, Marine osmium isotope record during the Carnian "pluvial episode" (Late Triassic) in the pelagic Panthalassa Ocean, Global and Planetary Change, 197, 103387

【第6章】

《一般書籍》

『古第三紀・新第三紀・第四紀の生物 下巻』監修:群馬県立自然史博物館,著:土屋 健,2016年刊行,技術評論社

『VERTEBRATE PALAEONTOLOGY 4th Edition』著:Michael J. Benton,WILEY Blackwell刊行、2015年

《WEBサイト》

氷河時代のクマはなぜ絶滅したのか? 最新研究,NATIONAL GEOGRAPHIC,2019年8月24日,https://natgeo.nikkeibp.co.jp/atcl/news/19/082000476/?P=1

マンモス絶滅で寒冷化に拍車?,NATIONAL GEOGRAPHIC,2010年6月7日,https://natgeo.nikkeibp.co.jp/nng/article/news/14/2765/

The last mammoths died on a remote island,EurekAlert,2019年10月7日,https://www.eurekalert.org/pub_releases/2019-10/uoh-tlm100419.php

《学術論文など》

Christopher E. Doughty, AdamWolf, Yadvinder Malhi, 2013, The legacy of the Pleistocene megafauna extinctions on nutrient availability in Amazonia, Nature Geoscience, vol.6, p761–764

Christopher Sandom, Søren Faurby, Brody Sandel, Jens-Christian Svenning, 2014 Global late Quaternary megafauna extinctions linked to humans, not climate change, Proc. R. Soc., B 281: 20133254

Eske Willerslev,John Davison,Mari Moora,Martin Zobel,Eric Coissac,Mary E. Edwards,Eline D. Lorenzen,Mette Vestergård,Galina Gussarova,James Haile,Joseph Craine,Ludovic Gielly,Sanne Boessenkool,Laura S. Epp,Peter B. Pearman,Rachid Cheddadi,David Murray,Kari Anne Bråthen,Nigel Yoccoz,Heather Binney,Corinne Cruaud,Patrick Wincker,Tomasz Goslar,Inger Greve Alsos,Eva Bellemain,Anne Krag Brysting,Reidar Elven,Jørn Henrik Sønstebø,Julian Murton,Andrei Sher,Morten Rasmussen,Regin Rønn,Tobias Mourier,Alan Cooper,Jeremy Austin,Per Möller,Duane Froese,Grant Zazula,François Pompanon,Delphine Rioux,Vincent Niderkorn,Alexei Tikhonov,Grigoriy Savvinov,Richard G. Roberts,Ross D. E. MacPhee,M. Thomas P. Gilbert,Kurt H. Kjær,Ludovic Orlando,Christian Brochmann,Pierre Taberlet,2014,Fifty thousand years of Arctic vegetation and megafaunal diet,nature,vol.506,p47-51

Felisa A. Smith, Scott M. Elliott, S. Kathleen Lyons, 2010, Methane emissions from extinct megafauna, Nature Geoscience, vol.3, p374–375

Joscha Gretzinger, Martyna Molak, Ella Reiter, Saskia Pfrengle, Christian Urban, Judith Neukamm, Michel Blant, Nicholas J. Conard, Christophe Cupillard, Vesna Dimitrijević, Dorothée G. Drucker, Emilia Hofman-Kamińska, Rafał Kowalczyk, Maciej T. Krajcarz, Magdalena Krajcarz, Susanne C. Münzel, Marco Peresani, Matteo Romandini, Isaac Rufí, Joaquim Soler, Gabriele Terlato, Johannes Krause, Hervé Bocherens, Verena J. Schuenemann, 2019, Large-scale mitogenomic analysis of the phylogeography of the Late Pleistocene cave bear, Scientific Reports, 9:10700, https://doi.org/10.1038/s41598-019-47073-z

Laura Arppe, Juha A. Karhu, Sergey Vartanyan, Dorothée G. Drucker, Heli Etu-Sihvola, Hervé Bocherens, 2019, Thriving or surviving? The isotopic record of the Wrangel Island woolly mammoth population, Quaternary Science Reviews, 222, 105884

Mathias Stiller,Gennady Baryshnikov,Hervé Bocherens,Aurora Grandal d'Anglade,Brigitte Hilpert,Susanne C. Münzel,Ron Pinhasi,Gernot Rabeder,Wilfried Rosendahl,Erik Trinkaus,Michael Hofreiter,Michael Knapp,2010,Withering Away—25,000 Years of Genetic Decline Preceded Cave Bear Extinction, Mol. Biol. Evol.,27(5),p975–978,doi:10.1093/molbev/msq083

Russell W. Graham, Soumaya Belmecheri, Kyungcheol Choy, Brendan J. Culleton, Lauren J. Davies, Duane Froese, Peter D. Heintzman, Carrie Hritz, Joshua D. Kapp, Lee A. Newsom, Ruth Rawcliffe, Émilie Saulnier-Talbot, Beth Shapiro, Yue Wang, John W. Williams, Matthew J. Wooller, 2016, Timing and causes of mid-Holocene mammoth extinction on St. Paul Island, Alaska, PNAS, vol.113, no.33, p9310-9314

[監修] 芝原暁彦

1978年福井県出身。特撮に偏愛する古生物学者。恐竜学研究所客員教授。博士(理学)。18歳から20歳まで福井県の恐竜発掘に参加し、その後は北太平洋などで微化石の調査を行う。筑波大学で博士号を取得後は、(国研)産業技術総合研究所の地質標本館で化石標本の3D計測やVR展示など、地球科学の可視化に関する研究を行った。2016年には産総研発ベンチャー地球技研を設立、「未来の博物館」を創出するための研究を続けている。監修に『学名で楽しむ恐竜・古生物』(イースト・プレス)ほか、著書に『特撮の地球科学　古生物学者のスーパー科学考察』(イースト・プレス)ほか。

[著者] 土屋 健

サイエンスライター。オフィス ジオパレオント代表。
日本地質学会員、日本古生物学会員、日本文藝家協会員。金沢大学大学院自然科学研究科で修士号を取得(専門は地質学、古生物学)。その後、科学雑誌『Newton』の編集記者、部長代理を経て、現職。古生物に関わる著作多数。『リアルサイズ古生物図鑑古生代編』(技術評論社)で、「埼玉県の高校図書館司書が選ぶイチオシ本2018」で第1位などを受賞。2019年、サイエンスライターとして初めて古生物学会貢献賞受賞。近著に『学名で楽しむ恐竜・古生物』(イースト・プレス)、『化石の探偵術』(ワニブックス)、『ifの地球生命史』(技術評論社)など。

[絵] ツク之助

いきものイラストレーター。
爬虫類や古生物を中心に、生物全般のイラストを描く。爬虫類のグッズシリーズも展開。
イラストを担当した書籍に、『もっと知りたいイモリとヤモリ どこがちがうか、わかる?』(新樹社)、『マンボウのひみつ』(岩波ジュニア新書)、『ドラえもん はじめての国語辞典 第2版』(小学館)、『恐竜・古生物ビフォーアフター』(イースト・プレス)など。
著書に絵本『とかげくんのしっぽ』『フトアゴちゃんのパーティー』(イースト・プレス)がある。

恐竜・古生物に聞く
第6の大絶滅、
君たち(人類)はどう生きる?

2021年6月18日　初版第1刷発行

著者　土屋健
監修　芝原暁彦
イラスト　ツク之助
装丁　金井久幸[TwoThree]
校正　荒井 藍
DTP　松井和彌
企画・編集　黒田千穂
発行人　北畠夏影
発行所　株式会社イースト・プレス
〒101-0051　東京都千代田区神田神保町2-4-7 久月神田ビル
Tel.03-5213-4700　Fax.03-5213-4701
https://www.eastpress.co.jp
印刷所　中央精版印刷株式会社

　ISBN978-4-7816-1984-2